认识海洋·中国海洋意识教育丛书

●总主编/盖广生

海洋灾害

青岛出版社
QINGDAO PUBLISHING HOUSE

认识海洋·中国海洋意识教育丛书

编委会

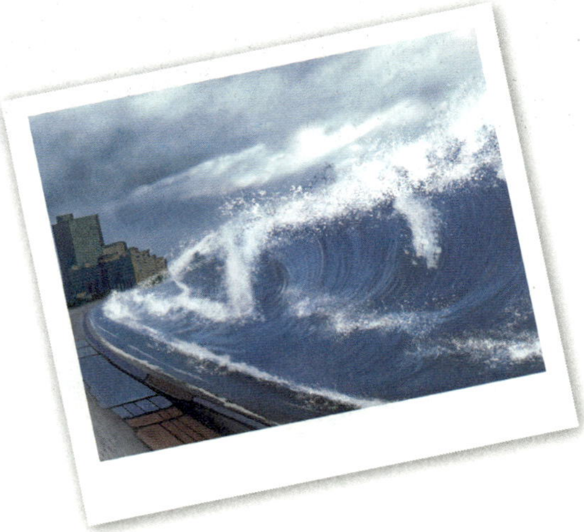

PREFACE 前言

　　海洋比陆地更宽广，覆盖着 70％ 以上的地球表面积，容纳着地球上最深的地方，见证着沧海桑田的变迁，对地球生态系统的平衡和人类的发展有着不容忽视的影响力。因此，认识海洋、掌握海洋知识显得尤为重要。本套《认识海洋》科普丛书旨在向青少年普及基本的海洋知识，激发青少年对海洋的热爱和探索之情，让青少年树立热爱海洋、保护海洋的意识。

　　《认识海洋》科普丛书共有 12 个分册，分门别类地对海洋进行了全面、系统的介绍。本丛书通俗易懂、图文并茂，实现了精神食粮和视觉盛宴的完美结合。本丛书内的《回澜·拾贝》栏目则是对知识点的拓展和延伸，在进一步诠释主题、丰富读者知识储备的同时，提升读者的阅读趣味，使读者兴致盎然。

　　《海洋灾害》以介绍多样的海洋灾害为主，让读者感受海洋狂躁、无情的一面。通过本书，我们会了解到排山倒海的海啸、目空一切的飓风、弥漫无边的海雾等灾害带来的巨大损失，学习到如何通过身边的事物预报灾害、如何躲避危险等重要的技能。此外，船沉冰海、气候异常、海洋污染等事件会引你深思，唤起你热爱海洋、保护环境的意识。

　　浩瀚的海，壮阔的洋，自由的梦。让我们一起走进美妙的海洋世界，学习海洋知识，感受海洋魅力，珍惜海洋生物，维护海洋生态平衡，用实际行动保护海洋。

中华人民共和国水准原点
THE SITE OF CHINA SEA LEVEL DATUM

CONTENTS 目录

PART ❶

冷酷无情的海啸 1

海啸概述 / 2

引发海啸的原因 / 4

海底地震 / 6

海啸的多发地带 / 8

海啸灾害常识 / 10

200年来死伤最多的海难 —— 印度洋海啸 / 14

令人惊惧的灾难 —— 日本海啸 / 18

PART ❷

恐怖的海上风暴 21

飓风概述 / 22

飓风成因 / 24

海上风霸王 —— 水龙卷 / 26

杀伤力巨大的热带气旋 —— 飓风"米奇" / 30

飓风中的将军 —— 飓风"弗洛拉" / 34

突然转向的气旋 —— 飓风"法夫" / 35

姗姗来迟的风暴 —— 飓风"安德鲁" / 36

美国近代最惨痛的灾难 —— 飓风"卡特里娜" / 38

规模较小的热带气旋 —— 飓风"翠西" / 42

世纪飓风 —— 飓风"吉尔伯特" / 44

目空一切的掠夺者 —— 飓风"艾琳" / 46

与飓风遥遥相望的兄弟 —— 台风 / 48

台风预报 / 53

风讯 / 55

横扫韩国南部的强风 —— 台风"鸣蝉" / 59

超强风暴 —— 台风"凡亚比" / 62

风暴增水 —— 风暴潮 / 64

PART ❸

海洋冰害　69

冰山／70

海冰概述／72

海冰危害／76

万里冰封——渤海湾冰冻／78

沉没的梦幻之船——"泰坦尼克"号／79

沉没南极——"探索者"号／83

PART ❹

海雾灾害　87

多样海雾／88

海雾分布／91

雾中的明灯——灯塔／94

人工消雾／98

PART ❺

其他海洋灾害　99

赤潮／100

厄尔尼诺现象／106

拉尼娜现象／109

海岸侵蚀／111

海洋污染／117

海洋生物入侵／124

PART ❻

历史上著名的海难　129

如花生命的悲鸣
　　——韩国"岁月"号客轮沉没／130

21世纪特大海难
　　——塞内加尔"乔拉"号客轮海难／134

历史悲剧的重演
　　——埃及客轮"萨拉姆98"号倾覆／138

巨浪中消逝的生命
　　——菲渡轮"群星公主"号失事／142

雄伟邮轮的沉没
　　——意大利"歌诗达协和"号触礁／146

PART 1

冷酷无情的海啸

海底发生地震时，海面会出现大幅度涨落，形成能量巨大的波浪，形成海啸，给沿海地区造成巨大的灾害。此外，海底火山爆发、气候变化等因素也会引发海啸。为了减少海啸造成的损失，我们应该掌握一些海啸常识，及时躲避海啸。

海啸概述

蕴含着巨大能量的海啸带给人类的损害几乎是毁灭性的。它能在很短的时间内将堤岸、房屋和田地淹没，威胁人们的生命安全，给人们带来难以估量的经济损失。海啸的破坏力之大，在所有的海洋灾害中位居榜首。

什么是海啸

海啸是由海底地震、火山爆发、海底滑坡或者气象变化所引发的海面大幅度涨落的灾害。海啸波传播速度很快，可达每小时700～800千米。它能在几个小时之内横跨大洋，袭向海岸。在远离海岸的深水区，海啸的波浪高并不明显。但是，当到达海岸等一些浅水地带时，海啸就会形成数十米高的"水墙"，以摧毁一切的气势吞没堤岸、码头和海岸上的建筑物。

海啸的分类

根据发生区域和破坏程度的不同，海啸一般可分为本地海啸和遥海啸。本地海啸的发生源地距离受灾滨海地区较近，通常在100千米以内，海啸波到达海岸的时间比较短，少则几分钟，多则几十分钟。这就意味着人类即使接到海啸预警也往往无法及时防范。因此，本地海啸造成的灾害往往比较严重。遥海啸的海啸波一般来自海洋深处或者其他大洋，其海啸波速度快于海啸的速度，因而人类能够利用科技设备预测遥海啸的到来，以做好防范。

会传播的灾害

海啸发生以后，会率先在发源地上下翻腾，形成长浪。随后，这些长浪就会由内而外地向四面八方传播。

海啸的危害

海啸不仅给人类的生命和财产安全带来威胁，还会破坏生态环境。大量事实表明，海啸在摧毁田地和庄稼的同时，还会留下盐分很高的海水。海啸过后，耕地的表层养分被破坏，要想恢复十分困难。此外，海啸还会对海床上的水莒、红树林造成重创，使一些海洋生物失去赖以生存的家园。海啸对珊瑚礁的破坏程度几乎是毁灭性的。珊瑚礁形成过程漫长，要经过数百年的时间才能从海啸造成的损坏中恢复过来。

引发海啸的原因

　　能给人类带来灾难性影响的海啸形成原因是多种多样的：宇宙天体（如陨石）坠落海洋，有时会引发海啸；地球外动力作用导致的海底山脉崩塌也会让海水出现剧烈激荡，从而形成海啸；此外，水下核爆炸也有可能引起海啸。科学家们通过研究发现，特大型海啸基本上是由海底地震或海底火山喷发引起的。

陨石坠落

　　海洋的面积非常广阔。彗星、小行星、陨星等天体穿越大气层坠落到地球上时，约有71%的概率落入浩瀚的海洋。这些"天外来客"与海水发生碰撞，就会引起不同规模的海啸。海上撞击所造成的危害非常大。例如：一块直径为300米的太空陨石就有可能制造出浪高11米的海啸，进而淹没大片陆地。

滑坡与崩塌

　　一般情况下，海岸或海底滑坡和水下崩塌规模较小，而且幅度缓慢。可是，一旦海岸或海底滑坡和水下崩塌规模较大，就有可能让海水剧烈激荡，形成恐怖的海啸，给人类带来生命和财产威胁。1792年5月21日，日本九州岛云仙火山的斜坡倒塌，滑落的山体坠入茫茫大海后引发了最大波高达50米的海啸，造成当地约1.5万人丧生，形成日本历史上最严重的塌方灾难。

火山喷发

在神秘莫测的大洋底部分布着很多海底火山。这些火山有的已经衰老死亡，有的正处于年轻活跃时期。海底火山大规模喷发或海底火山口塌陷时，会发挥出巨大的威力，有时会扰动水体，引发海啸。3000多年前，爱琴海存在着神秘的克里特文明，但这个文明却在一夕之间神秘消失。丹麦一位教授和同事经过潜心研究认为，克里特文明很有可能毁于一次火山喷发引起的大海啸。

海底地震

地震海啸是由地震所引起的特大海浪灾害。地震海啸多形成于板块之间的俯冲地带。那里多为深海盆地，能容纳大量海水，且地形反差强烈，存在倾滑型活断层。所以，一旦发生级别较大的地震，地形就会在瞬间发生改变，从而引发大规模海啸。

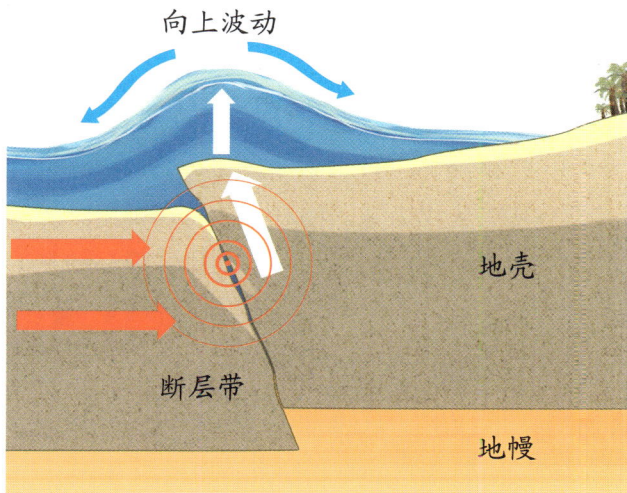

向上波动

地壳

断层带

地幔

海底地震引起海面波动

回澜·拾贝

喀拉喀托火山爆发 1883年8月，喀拉喀托火山爆发，引发印度尼西亚、爪哇和苏门答腊等海岸的海啸。此次海啸共造成36400多人死亡，造成的巨大财产损失无法估量。

水下核爆炸 水下核爆炸主要用于破坏潜艇和部分水下设施，会在一定的水域造成放射性污染。水下核爆炸能产生破坏力很大的冲击波，进而引发海啸。

海底地震

海底地震是海底的岩石突然断裂而发生急剧运动的现象。海底地震强度超强时可能会造成海底出现断层，甚至引起海啸。海底地震不仅会危害海洋动物的生存，还会破坏海底光缆，甚至对地面造成破坏。

形成原因

海底地震主要发生在板块活动剧烈的海底，通常是因岩石圈板块沿边界相对运动和相互作用而产生的。例如：日本附近的海洋板块每年会移动5～15厘米，使陆地板块不断受到挤压。当挤压达到一定限度时，陆地板块就会反弹，从而形成板缘地震。

板缘地震形成示意图

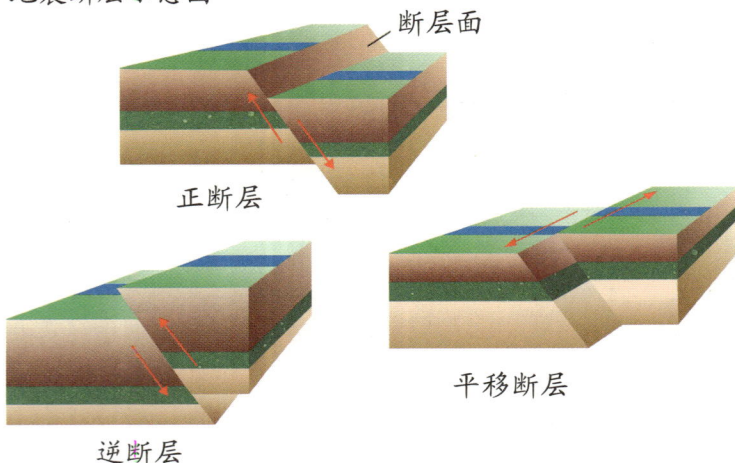

地震断层示意图

断层面

正断层

逆断层

平移断层

活动大陆边缘的地震分类

活动大陆边缘是指洋陆汇聚、大洋板块向毗邻大洋板块之下俯冲形成的强烈活动的大陆边缘。这种大陆边缘往往有强烈地震活动，可分为：海沟及洋侧坡的小量浅震，多属正断层型，由大洋板块沿俯冲带向下弯曲引起；海沟陆侧坡附近频繁的浅震，多属逆断层型，在板块接触带的汇聚挤压作用下产生；火山弧附近的小量浅震，为正断层型，或为逆断层、走向滑动断层型；构成贝尼奥夫带的中源和深源地震，主要位于火山弧与弧后区下。

海底地震征兆

海底地震发生前，海平面会因地壳的形变异常升高或降低。同时，一些海洋生物会出现违反常规的举动。比如：深海鱼类会游到浅海区，成群地跃出水面。此外，海鸟也会提前感知海底地震的到来，成群结队地飞离原来栖息的岛屿。比如：1969年渤海大地震前几天，辽东半岛和山东半岛一些岛屿的海鸥大都远飞他乡躲避灾难。

海底地震的危害

海底地震会破坏地面，使地面形成裂缝、塌陷、喷水、冒砂等。海底地震引起的海啸（巨浪）冲上海岸，会影响沿海地区的海产养殖，破坏沿岸建筑。此外，海底地震发生时，地心的有害气体随之冒出，会严重影响海洋生物的生长和繁殖。海底地震还会破坏海底光缆，妨碍人们的通信交流。

回澜·拾贝

泉州海底地震 1604年12月29日，福建泉州以东约70千米的海中发生里氏8.0级地震，波及我国东南部大部分地区。

印度洋地震 2004年12月26日，印度洋水下30千米深处发生里氏9.3级地震，引发海啸，给沿岸居民造成巨大损失。

海啸的多发地带

　　虽然地震与海啸没有直接的因果关系，但总体而言，它们在空间分布上是一致的。目前，世界上海啸多发的区域主要集中在环太平洋地震带和地中海—喜马拉雅地震带上。

环太平洋地震带

　　太平洋的海啸活动较为活跃。环太平洋地震带因为构造运动活跃，且多为板块俯冲带，所以是地震多发区。这为海啸的形成提供了地质条件。有关资料显示，在全球有记载的破坏性较大的260多次地震海啸当中，发生在太平洋海域的就占约80%。在太平洋1300多年的海啸记录中，大约有14万人死于无情的海啸。夏威夷、新西兰、澳大利亚、南太平洋地区、印度尼西亚、菲律宾群岛、日本、美国西海岸、中美洲地区、哥伦比亚以及智利等地是太平洋海啸的多发区域。其中，印度尼西亚是世人皆知的海啸重灾区，历史上曾发生过30多次破坏性的海啸，损失无法估量。

地中海—喜马拉雅地震带

　　地中海—喜马拉雅地震带同样是地震频发地带之一。这里虽然地质构造不如环太平洋地震带活跃，但是局部地段有深海盆地，且地形复杂，所以具备引发海啸的条件。葡萄牙里斯本和地中海希腊附近的科林斯湾在历史上都曾发生过规模不同的地震海啸。其中，1755年11月在葡萄牙里斯本发生的地震海啸共造成6万多人死亡。

回澜·拾贝

　　太平洋海啸　据记录，1900—2000这100年间，太平洋共发生711次海啸，约占全球海啸总数量的75%。

　　火山地震国　由于经常发生火山爆发、地震，日本被称为"火山地震国"。

海啸灾害常识

地震海啸让人难以捉摸。以目前的科技水平来说，人们要想提前预报这种海洋灾害难度非常大。但是，从地震发生到引发海啸，再到海啸传至海岸，还有一段避险时间。人们应该充分利用预警系统和科学知识，在这段时间内发现海啸灾害的蛛丝马迹，尽快逃生。

动物的指引

我们知道，发觉某种灾害即将来临时，动物一般会有异样的行为。如果你发现成群的海鸟突然从头上掠过，而且发出惊恐的叫声，那么你就要注意了，这很有可能是海鸟受海啸波惊吓所致。另外，动物们向高处狂奔，也可能是海啸将要来临的征兆。

鱼类的异常表现

因为光照等环境因素，海洋鱼类有不同的分布规律。通常情况下，深海鱼类不会到浅海生活。如果我们突然在浅海海域发现大量深海鱼类，那么就要注意了，因为海啸发生前巨大的暗流会将深海鱼类卷到浅海。此外，倘若渔民捕获的鱼数量剧增，且有很多罕见鱼类，这也有可能是海啸预警提示。遇到这些异常情况，我们应该重视起来，提前做好防范海啸的工作。

地面剧烈震动

　　海底地震也会出现类似陆地地震时的现象——地面剧烈震动。这是地震海啸提供给人类的直接信号。如果发现地面剧烈震动，我们一定要远离海边或者江河入海口，提前采取措施，躲避海底地震引发的海啸。

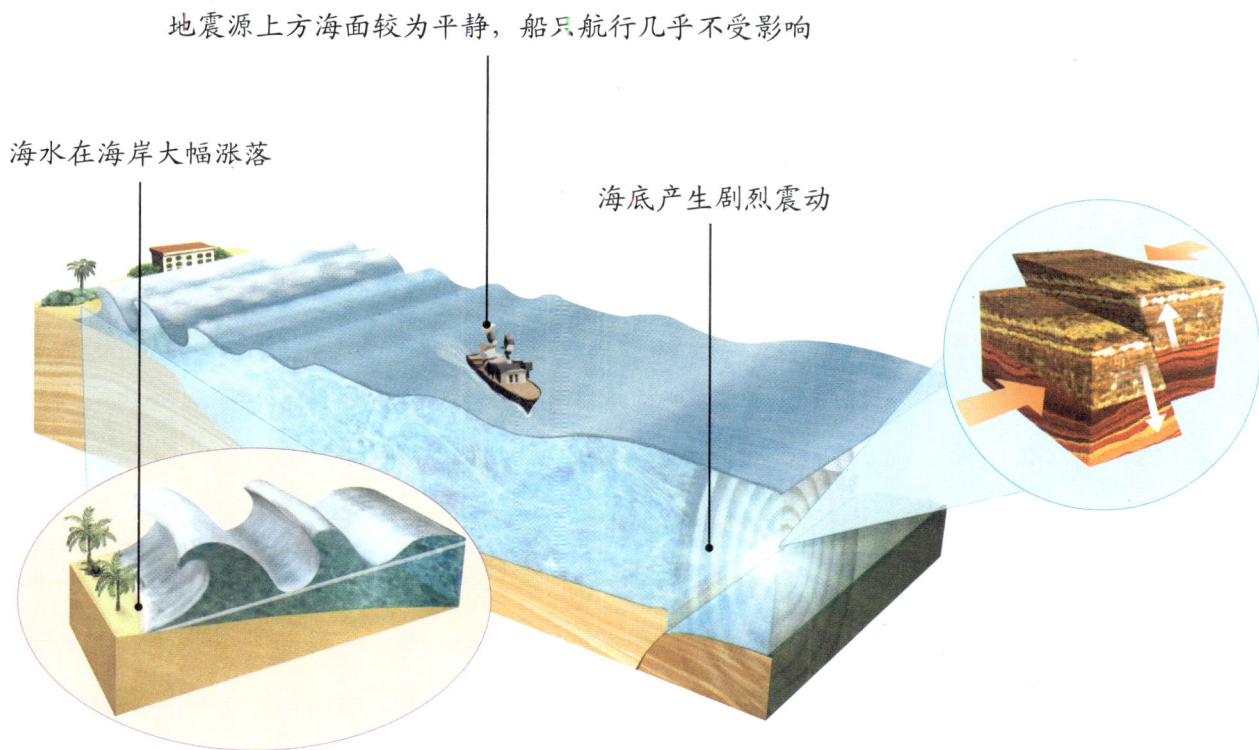

地震源上方海面较为平静，船只航行几乎不受影响

海水在海岸大幅涨落

海底产生剧烈震动

海水的大幅涨落

　　当海底发生地震时，海底地壳会出现大幅度的沉降或隆起。地震源上方海面较为平静，但近岸海水会出现剧烈起伏的现象。同时，海水退潮的速度非常快，退潮的距离是平时的几倍。当海水出现这些奇怪的现象时，一般距海啸发生的时间少则只有几分钟，多则有几十分钟。这段时间就是最佳的逃生时间，我们一定要紧急撤离，尽量到高处避难。

气泡的警示

除了动物们的"友情提示",人类还能通过海水中的小气泡获取海啸信息。如果我们在海边嬉戏和玩耍时发现海面上突然冒出许多气泡,并发出"嗞嗞"的声音,这可能就是海啸的预警信息。此时我们应迅速离开海岸。

2004年12月26日,苏门答腊西南海域发生里氏9.3级地震,引发大海啸,波及很多地区。当时,来自英国的10岁小女孩蒂莉与爸爸、妈妈刚好在泰国普吉岛度假。因为地理老师曾给蒂莉讲过海啸的相关知识,所以当她发现海水冒着气泡以及浪潮突然退下去时,她心中有一个直觉——海啸要来了。于是,她赶紧告诉了爸爸、妈妈。爸爸、妈妈又将这个消息告诉了其他游客以及附近旅馆的人们,大家一起撤离到安全地带。几分钟以后,海啸真的来了。蒂莉用她的智慧成功挽救了100多人的生命。

蒂莉一家接受采访

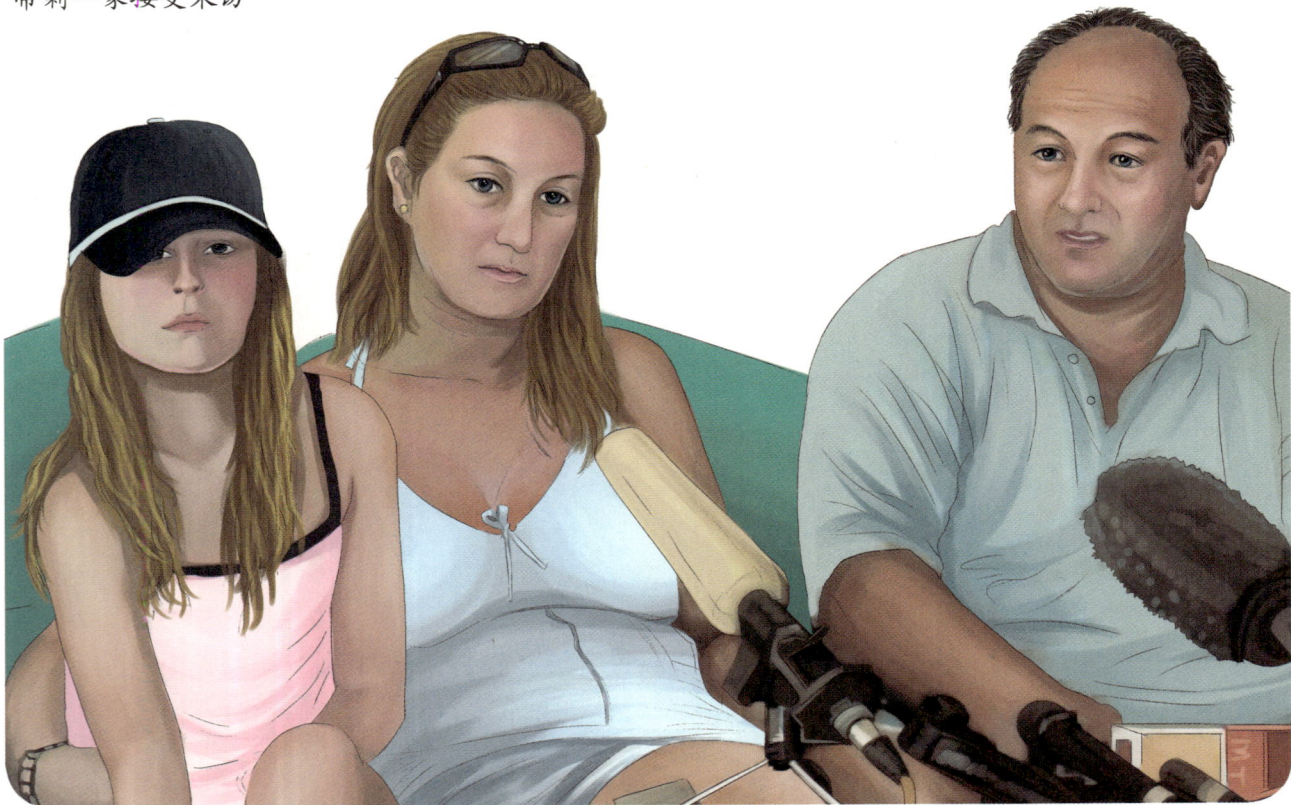

高大的 "水墙"

海啸波是逐步推进的，由它形成的前浪速度会逐渐减慢，但是后浪的速度仍然很快。两股浪如果混合在一起，就会形成几米甚至几十米高的巨浪，远远望去，就像一堵墙。"水墙"周围的海水多呈白色，我们用肉眼就能观察到。当海面上出现"水墙"时，说明海啸即将来临，人们一定要尽快逃生。

回澜·拾贝

教训 2004年，印度洋海啸横扫印度尼西亚、斯里兰卡、印度和泰国沿岸。这次海啸到达斯里兰卡和泰国等地需要很长时间，但是因为人们缺乏海啸知识和相应的防灾机制，最终遭受了惨痛的后果。

海啸预警 人类一直试图建立健全的海啸预警系统。目前，全球最知名的海啸预警中心是美国檀香山的太平洋海啸预警中心。但是，因为科技水平有限，目前人类对海啸预报的准确率还很低。

2OO 年来死伤最多的海难

—— 印度洋海啸

2004 年 12 月 26 日，是一个全世界人民不会忘记的日子。这一天，印度洋苏门答腊西南海域发生了大地震。这次大地震引发的印度洋海啸席卷印度洋沿岸地区，让 20 多万人失去了宝贵的生命。印度洋海啸是 20 世纪以来造成人员伤亡最惨重的一次自然灾害。

可怕的地震

苏门答腊西南海域地处安达曼海，位于印度洋板块和亚欧板块交界处，地壳活动剧烈，经常会出现海底地震。2004年12月26日，海域内发生震级为里氏9.3级的海底地震，释放的能量相当于2.3万个广岛原子弹的能量。

本次地震仅次于1960年智利地震，持续时间有500秒左右，在苏门答腊附近海域形成一条长约1600千米的裂缝。同时，海底地震引起巨大的海啸，重创了苏门答腊及其附近地区。

海啸前

海啸后

波及范围

地震发生后，海啸波以约750千米/小时的速度向四周传播，20分钟以后就到达了印度尼西亚班达亚齐地区。2小时后，海啸波趁势袭击了印度洋北部沿岸的泰国、马来西亚、缅甸、孟加拉国、印度等国家。4小时后，旅游胜地马尔代夫也遭到无情的破坏。之后，海啸波又相继到达东非印度洋沿岸、美国大西洋沿岸和太平洋沿岸以及南美西海岸。海啸波用30多个小时的时间完成了一次全球之旅。

损失惨重

根据有关部门统计，这次海啸共造成20多万人死亡、近8000人失踪、超过100万人无家可归。距离震源最近的印度尼西亚伤亡最为惨重，尤其是苏门答腊西南海域班达亚齐一带的海滨几乎遭遇灭顶之灾：昔日的建筑尽数被毁，市区格局变得模糊不清，大半个城市成了废墟，到处弥漫着悲伤的气息。

另一个被严重破坏的国家斯里兰卡也损失惨重。海啸过后，斯里兰卡沿海许多地区淹没在海水之中，人员和物资救援困难，而电力、交通、供水和通信曾一度中断，一座座城市被绝望和恐慌的气氛笼罩。这次海啸让斯里兰卡约4.1万人丧生，78万多人沦为难民。

　　印度也是此次海啸的一个重灾区。安达曼群岛和尼科巴群岛几乎变成一片汪洋，近万人消失得无影无踪。在印度马德拉斯，人们甚至来不及相互提醒，滔天的巨浪就已直冲他们的家园。众多出海打鱼的船舶被卷上岸，原本坚固的房屋脆如玻璃，很多在沙滩上玩耍的人瞬间被海浪卷走。

　　此次地震海啸也波及泰国。泰国的旅游业十分发达，尤其是滨海旅游业十分兴盛。此次海啸让普吉岛等地蒙受了巨大的经济损失，不仅滨海房屋、酒店遭到严重破坏，一些旅游设施如游船、摩托艇等也没有逃脱被摧毁的命运。那里的树木被连根拔起，原本洁净松软的沙滩变得一片狼藉，布满损毁的物品和垃圾。

爱心救援

海啸发生后，世界人民的心紧紧联系在一起。许多民众纷纷献出爱心。包括中国在内的许多国家派出了医疗和搜救队伍参与救援。新加坡甚至宣布开放部分空军和海军基地，为灾区物资周转提供便利。为了缓解受灾地区的经济压力，许多债权国表示可减免或暂缓受灾国偿还其所欠债务。10多年过去了，在世界人民的共同关怀和帮助下，受灾地区的人们正一步步走出印度洋海啸所带来的阴影。

回澜·拾贝

疾病　印度尼西亚的一些灾民因卫生条件差、治疗不及时而染上了肺炎，还有的人出现皮肤感染的情况。

马尔代夫　在此次海啸中，马尔代夫约有一半的房屋被破坏，超过100处学校、卫生院需要重建。

令人惊惧的灾难——日本海啸

因为地处环太平洋地震带，日本经常发生地震、海啸等自然灾害。2011年3月11日，日本近海发生里氏9.0级强烈地震。日本本土随即遭到约10米高的浪袭，由此引发福岛核电站爆炸，导致核泄漏。这次海啸给日本带来的损失是难以估量的。

地震发生

2011年3月11日，日本近海海域发生里氏9.0级强震，震源深度为32千米。日本仙台市距离震中只有130千米，东京距离震中仅有373千米。地震发生时，东京等地的晃动时间长达5分钟。人们这才意识到：灾难已经来到身边。

地震后被撕裂变形的路面

地震规模

此次地震是日本有史以来遭受的最大规模的地震，也是世界上有地震记录以来的第五大地震。

海啸来临

地震发生15分钟后，海啸波抵达日本沿岸，并在几个小时内袭向滨海地区，开始了它的破坏行动。此次海啸波及环太平洋沿海大部分国家和地区，造成了巨大的人员伤亡和财产损失。日本在此次海啸中损失最为惨重：有上万人死亡，数千人不同程度地受伤，数十万栋建筑物受损；东京通信网络中断，地铁暂停，航班取消；日本东北三县更是遭到毁灭性的打击。

核泄漏

更可怕的还在后面——此次海啸引发了福岛核电站四连爆，放射性物质泄露出来，扩散到周边区域，核辐射超标20倍。3月12日，运营福岛第一核电站的东京电力公司向日本政府作出紧急通报，表示福岛第一核电站已经进入"紧急状态"。3月15日，日本前首相菅直人发表电视讲话，要求核电站方圆20千米以内的居民进行撤离。

临危不乱

虽然这次大海啸给日本带来重大人员伤亡和财产损失，但日本在应急处理上表现得十分出色。历史上，日本就是一个地震频发的国家。为了防震减灾，保证人民的生命、财产安全，1978年日本制定了《日本大地震对策特别措施法》。这是世界上第一次以法律形式对大地震提出的对策。这项立法使日本建立了健全的应急机制，使其在海啸面前能临危不乱，有序地应急避难。

日本抗震房屋示意图

震前教育

日本非常注重国民防震教育。日本民众从小就开始接受这方面的教育，防震意识在他们的大脑中根深蒂固。当地震来临时，他们能快速做出反应，及时保护自己。

回澜·拾贝

位移 除了引发海啸，此次地震产生的能量使日本本州岛整体向东北方向移动了2.4米。

民宅抗震 日本有严格的房屋抗震标准，其房屋多为高抗震的木结构或轻钢结构，即使剧烈摇晃，也不会倒塌。

启示 日本地震导致核泄漏危机，引起世界人民的反思。人们意识到：虽然核能源具有突出的优势，但人们必须慎重开发。

PART 2

恐怖的海上风暴

海面上波涛汹涌，猛烈的海上风暴挟裹着滚滚乌云和暴雨呼啸而来，掀翻了海上船只，推倒了岸边建筑，搅乱了海底世界……历史上曾有很多恐怖的海上风暴给人们造成巨大的损失，让人们见识到了海洋的狂野。

飓风概述

飓风是大西洋和北太平洋地区常见的海洋灾害，是一种强大而深厚的热带气旋，风力通常在12级以上。飓风袭来时，海浪滔天，大雨倾盆，可以给沿海地区造成巨大灾难。当然，飓风也有调节地球热量和雨水分布的积极作用。

传说中的恶魔

飓风、台风威力巨大，被人们看作"风暴之神"，其名字源于神话传说中与风有关的神。"飓风"在加勒比语言中本意指"恶魔"，在玛雅神话传说中则指创世众神中的风神。"台风"则源于希腊神话中的一个魔物，传说它是盖亚的孩子，长着100多颗龙头，它的孩子就是强风。

认识几种风暴

飓风、台风、旋风都是强力的热带气旋，不同之处在于发生的地域不同：在大西洋、加勒比海、北太平洋东部刮起的被称为"飓风"，在西北太平洋和南海刮起的则被称为"台风"，在印度洋、阿拉伯海、孟加拉湾刮起的则被称为"旋风"。"龙卷风"则与这几种风暴不同，是一种伴随飓风产生的气旋，通常瞬间爆发，持续时间比飓风短。

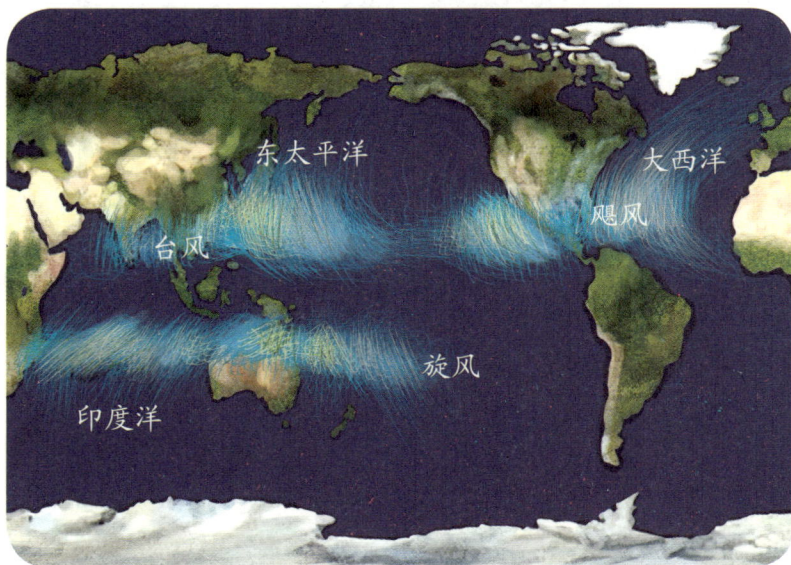

飓风分级

　　按照美国的分类方式，飓风可以划分为5个等级，等级越高，强度越大。一级飓风风速为每小时118～153千米，可引起高约1.5米的海浪，对建筑物不会造成实际伤害。随着飓风等级增加，风速加快，引起的海浪逐渐增高。到五级飓风时，风速可超过每小时251千米，引起的海浪超过5米，会摧毁部分沿海建筑物。

飓风防范

　　气象部门会在飓风到来前发布警报。这时，海上工作人员应该远离海滨与河岸；在海上的船只要放下船帆，封闭船舱；沿岸居民要加固门窗和房顶，储备好必要的生活用品和照明用具，并且做好撤离准备。人们最好躲避在地下室或坚固的建筑物里，以免飓风袭来时受到伤害。

回澜·拾贝

　　飓风眼　　飓风中心有一个风眼，风眼越小，飓风越强烈。

　　萨菲尔—辛普森飓风等级　　这是一种飓风等级分类体系，只适用于西半球。

船只停靠在岸边躲避飓风

飓风成因

飓风是强烈的热带气旋，其形成离不开温暖的广阔洋面、潮湿的大气环境、洋面上的风 3 个基本条件。此外，地球自转偏向力是形成飓风必不可少的另一个条件。

基础条件

广阔而温暖的热带海洋是形成飓风的基础条件，是飓风的能量来源站。形成飓风的热带海洋不仅洋面温度要达到相应要求，深水温度也要保持在一个相对稳定的高温水平，这样才能够释放出足够的潜热。海面上的热带气旋会吸收大洋的潜热，补充内部空气分子摩擦消耗的能量，维持运行，不断壮大势力。如果海水温度过低或者海域不够宽阔，其释放的潜热就不足以维持热带气旋的运行，海域内就不会形成飓风。

飓风充电站

当热带海洋形成一个较弱的热带涡旋后，这个热带涡旋需要吸收更多能量才可以不断壮大形成飓风。这时，热带海洋上空的水汽就派上了用场——就像飓风的充电站，能够源源不断地为飓风提供能量。热带涡旋内气压中间高、四周低，所以周围的空气会携带水汽流向涡旋中心，并且在涡旋内产生向上运动。潮湿的空气上升遇冷后就会凝结，释放出巨大的凝结潜热，为飓风的壮大提供能源保障。

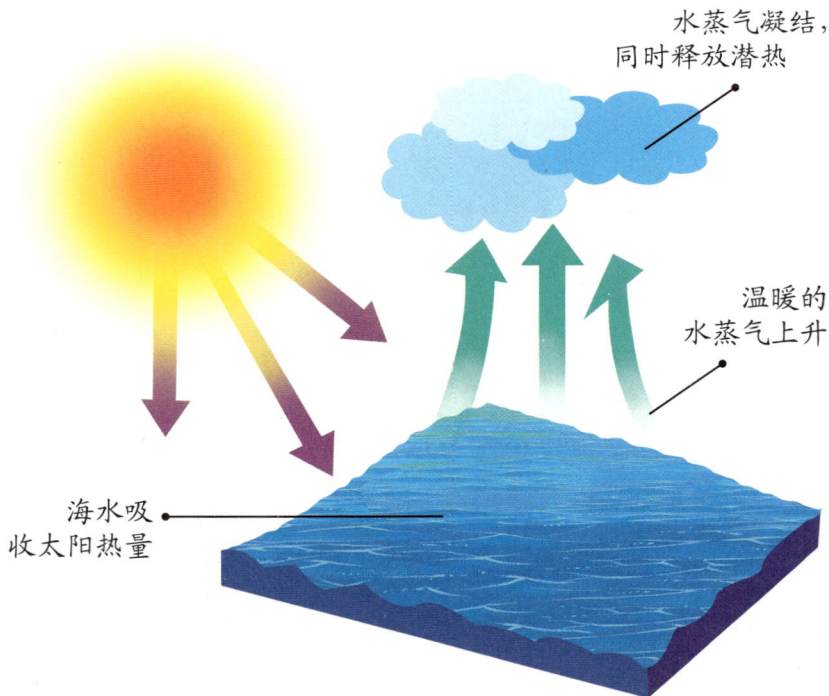

水蒸气凝结，同时释放潜热

温暖的水蒸气上升

海水吸收太阳热量

地球自转偏向力维持旋转

　　热带气旋周围的空气向低压中心定向流动时，会受到地球自转偏向力的影响，从而发生偏转，形成旋转的气流。气流旋转起来，气旋的低气压中心就可以长时间保持。这样一来，气旋周围的空气就会持续向低压区流动，形成更强烈的气旋。

海洋上空的空气在地球自转偏向力的影响下形成旋转的气流

上层空气遇冷凝结成水滴，释放热量，低层空气上升

海面气压降低，空气旋转更加猛烈，形成飓风

风的作用

　　飓风要想维持和发展，就需要适当的风来帮忙。在飓风内部，空气会越来越暖、越升越高，最后在高空与外界大气融为一体。在飓风的低压上方，高空与低空的风向和风速应保持相近的状态。这样才有利于高层空气聚集热量，从而使高层的风增暖。温暖、轻盈的高层风产生后，更利于维持飓风的运行。

回澜·拾贝

　　地域差异　　形成风暴的旋转气流在北半球沿逆时针方向转动，在南半球沿顺时针方向转动。

　　飓风的特点　　飓风眼处的天气现象变化不大，而靠近飓风眼的大气中天气现象非常强烈。

海上风霸王——水龙卷

水龙卷是一种发生在海面上的龙卷风，能够将海水吸入几千米的高空，形成连通海面与天空的水柱。水龙卷一边旋转一边移动，强度很大，会对海上船舶和海洋生物造成巨大伤害。世界上有很多关于壮观的水龙卷现象的记录，让人惊叹。

水龙卷的形成

当海面上产生涡旋气流时，每个涡旋中心会产生一个低压区，周围的空气会绕着涡旋的轴高速旋转。当低压区气压较低时，水流就会被吸入涡旋底部，并且随着旋转的空气绕轴心向上流动，形成壮观的水柱——水龙卷。另外，陆地上的龙卷风经过海面时，也可以将海水吸入高空，形成水龙卷。水龙卷形成后，会在海面上沿直线移动，摧毁船只，搅乱海底世界。

发生规律

水龙卷刚形成时是透明的，人们几乎看不到，但是它会在水面上形成漩涡图案。随着水汽增多，水龙卷逐渐形成可见的轮廓。此时，人们就可以看到上端连接雷雨云、下端延伸到海面的水柱。水龙卷可以将大量的水吸入空中。但是，液态水不能长时间在高空停留，只能以雨的形式降落下来。因此，水龙卷形成后常常会带来暴雨。

水龙卷家族

　　水龙卷拥有一个庞大的家族，吸管涡旋、龙卷漏斗、龙卷气旋等都是水龙卷家族的成员。吸管涡旋是水龙卷家族最小的成员，直径在 30 米以内。别看规模小，吸管涡旋的威力有时候比台风还要大呢！以吸管涡旋为基础，会逐渐构成龙卷漏斗、龙卷涡旋、龙卷气旋、母龙卷气旋。母龙卷气旋是水龙卷家族中最成熟的成员，作用范围可达 10 ～ 20 千米，威力非常强大。

破坏力强大的吸管涡旋

　　吸管涡旋的轴范围非常小，气压梯度很大，内部压力差可以达到台风内部平均气压差的几百倍。强大的气压差导致空气快速转动，所以涡旋内部的风速非常大，超过每秒100米。这样的劲风比台风还要凶猛，能够将海水和海面上的船只吸入空中，同时搅乱海底，破坏海底生态环境，造成严重的灾害。

横扫墨西哥湾的水龙卷

1982—1983年"厄尔尼诺"现象发生期间，由于海面气温异常升高，墨西哥湾经常出现水龙卷。1983年5月，出现在墨西哥湾的水龙卷群规模非常庞大，横扫整个海区，又夹带着狂风暴雨袭击了美国的得克萨斯州和路易斯安那州。水龙卷登陆后，摧毁了民宅、厂房、汽车和树木，导致约100人遇难。这次水龙卷群持续4天多时间，带来猛烈的暴雨，所经之处洪水泛滥，造成了巨大的经济损失。

水龙卷多发海域

美国佛罗里达州南部的珊瑚群岛位于墨西哥湾内，群岛附近海域是世界上最容易发生水龙卷的海域。据记录，这片海域每年出现的水龙卷有数百个，而这片海区附近就是神秘的百慕大三角。人们忍不住猜测：百慕大三角的神秘失踪事件也许与频繁发生的水龙卷有关。

深圳湾的罕见水龙卷

2010年的一天，位于中国香港和深圳市之间的深圳湾的海面上突然乌云密布。不一会儿，云层上出现了漏斗状的黑色云，并且与海面相接，形成巨大的水龙卷。据目击者称，当时海面上出现了4个水龙卷，吸起与天空相接的巨大水柱，整个过程约持续17分钟，场面无比壮观，令人称奇。

回澜·拾贝

香港漏斗云　2014年，香港出现了壮观的卷状气流，持续时间在2分钟以上，但气流没有接触到海面，没有形成水龙卷。

破坏珊瑚礁　水龙卷在海面上经过的同时也会扰乱海底，对珊瑚礁造成严重的破坏。

台湾屏东水龙卷

2014年，中国台湾屏东地区的里港乡出现了巨型的"黑尾水龙卷"。这个水龙卷约有50层楼高，在海面上呼啸前进，越过里港大桥，但威力并没有消减，而是继续向前推移。当地居民拍摄的记录视频在网上引起轩然大波。这个水龙卷横扫里港乡部分地区，损毁了很多民居，给沿海居民带来巨大损失。

杀伤力巨大的热带气旋

——飓风"米奇"

1998 年，大西洋地区出现了强烈的热带气旋——飓风"米奇"。它生成于加勒比海海域，随后增强为五级飓风。这场飓风席卷了洪都拉斯，袭击了中美洲，波及美国佛罗里达州，造成空前的灾难。

"米奇"的成长

"米奇"最初是大西洋上一个无组织的热带波动，进入加勒比海后，系统对流逐渐增强，在海域内不停移动，到牙买加金斯顿附近海域增强为热带低气压。随后，"米奇"向西南推进，在哥伦比亚圣安德烈斯附近海域形成热带风暴。在转向西北尼加拉瓜时，"米奇"达到飓风级别。"米奇"在洪都拉斯拉塞瓦附近以一级飓风的强度登陆，强度稍有减弱，穿过中美洲后又重复减弱和增强，最终在英国北部消散。

飓风警报

"米奇"登陆前，附近各地区政府都发出了热带气旋警报。洪都拉斯政府撤离了沿海群岛的部分居民，并且调动军事力量用以抗灾防洪。伯利兹政府也发出红色飓风警报，要求沿海和岛屿上的居民向内陆撤离。同时，危地马拉呼吁民众做好防飓风准备，发动居民寻找避难场所。尽管如此，威力强大的"米奇"登陆后还是给这些地区带来巨大的损失。

带来洪涝

在登陆洪都拉斯以前，"米奇"就已在海面上掀起6.7米高的巨浪，登陆后更是引起强大的风暴潮，给洪都拉斯带来巨量的降水。受"米奇"的影响，洪都拉斯南部的乔卢特卡在飓风期间迎来巨量降水。强降水使乔卢特卡河泛滥成灾，河面宽度达到平时的6倍。泛滥成灾的河水使洪都拉斯部分地区成为一片汪洋，造成巨大的人员伤亡和财产损失。

损毁尼加拉瓜

"米奇"途经尼加拉瓜，损毁了2.5万多间房屋，使这个国家的上百万民众受灾，造成的经济损失约达10亿美元。"米奇"带来的强降水使尼加拉瓜西部卡西塔火山上的火山湖暴涨，引发巨大的山体滑坡和泥石流，将火山附近的几个村庄夷为平地，造成上千人遇难。同时，"米奇"带来的洪水使该国3000多千米的公路系统被破坏、42座桥梁被损毁。受"米奇"的影响，尼加拉瓜的咖啡豆大幅度减产。

引发社会问题

　　"米奇"引发暴雨、洪水后造成城市地下管道受损，以致人畜粪便和各种垃圾汇集在河水中，给当地的卫生防疫工作带来非常大的不便。痢疾、伤风、霍乱、疟疾等在难民集中营迅速扩散，瘟疫横行，老人和儿童深受其害。除了灾后的瘟疫，移民暴增是另一个重要问题。由于飓风破坏了工厂，就业机会大幅度减少，大部分工人成为无业游民。大批灾民涌向城市，导致大城市居民数量暴增，引发各种社会治安问题。此外，部分灾民非法移居到其他国家，加剧了不同国家之间的冲突。

飓风灾害是人类自己种下的苦果

　　"米奇"在中美洲造成的巨大破坏让世界震惊。究其原因，人类难辞其咎。在"米奇"到来前的"厄尔尼诺"现象期间，旱情使尼加拉瓜的部分森林毁于火灾。同时，由于当地长期的动乱和贫穷，当地居民经常毁林造田，大大降低了土地的蓄水能力和防洪能力，使当地出现洪水泛滥的情形。飓风带来的暴雨席卷尼加拉瓜后，进一步加剧了当地的环境破坏，造成恶性循环，使当地的自然环境破坏更加严重，也使自然灾害更加频繁。人类应该吸取教训，保护家园，善待自然环境。

回澜·拾贝

　　飓风"菲菲"　"菲菲"是1974年在中美洲地区产生的飓风，造成约上万人伤亡，是"米奇"之前中美洲杀伤力最大的飓风。

　　特古西加尔巴　洪都拉斯的首都，地下管道在"米奇"飓风中被严重破坏，使得城内积满污泥，几成一片废墟。

被人类破坏的森林

飓风中的将军——飓风"弗洛拉"

　　"弗洛拉"是 20 世纪 60 年代生成于大西洋西部的强烈热带气旋，席卷了整个加勒比海地区。这场飓风毁掉了不计其数的民居，破坏了大量工厂和种植园，造成严重的人员伤亡和巨大的财产损失。

洪水成灾

　　"弗洛拉"途经古巴和海地，致使洪水泛滥，迫使5000余人背井离乡，四处寻找避难所。巨大的洪水甚至袭击了美国在古巴关塔那摩的舰队基地，摧毁了营房，冲垮了军事基地的设施，淹没了整个关塔那摩海湾。古巴政府动用直升机和轮船，用以援助被洪水拦住去路的灾民。古巴领导人菲德尔·卡斯特罗还曾呼吁其他国家给予帮助。

摧毁种植园

　　特立尼达和多巴哥的居民以种植椰树、香蕉、咖啡豆为生，种植园几乎是他们全部的经济来源。但是，"弗洛拉"像猛兽一般毁掉了人们精心管理的种植园，将树木连根拔起，将灌溉系统变为废墟，并且造成数十人伤亡。"弗洛拉"的袭击让种植园内的民众成为无业游民，导致国内一大批人沦为穷人，引发一系列社会问题。

回澜·拾贝

　　海地紧急状态　受到"弗洛拉"袭击后，海地 2/5 的领土变成废墟。总统弗朗索瓦·杜瓦利埃在 1963 年 10 月 8 日宣布国家处于紧急状态，请求国际支援。

突然转向的气旋 —— 飓风"法夫"

"法夫"本是大西洋上生成的一个热带气旋，但突然转向洪都拉斯，导致洪都拉斯大量民众流离失所，国家呈现混乱状态，同时给中美洲其他国家造成巨大损失。

飓风生成

1974年9月，生成于大西洋上空的热带气旋"法夫"突然转向洪都拉斯。飓风挟裹着暴雨横扫大地，造成洪都拉斯洪水泛滥、堤坝决口，使近1.1万人丧失生命。面对这场灾害，洪都拉斯付出了巨大的代价。

巨大的灾难

"法夫"威力强大，每小时可运行177千米。它登陆洪都拉斯后，引发了巨大的暴雨，造成洪水泛滥，摧毁了铁路、公路、港口，阻断了不同地区之间的交流，破坏了不计其数的民居、工厂、种植园，使上万人遇难、60多万难民无家可归。此外，"法夫"还袭击了洪都拉斯周边的国家，造成上千万美元的经济损失。

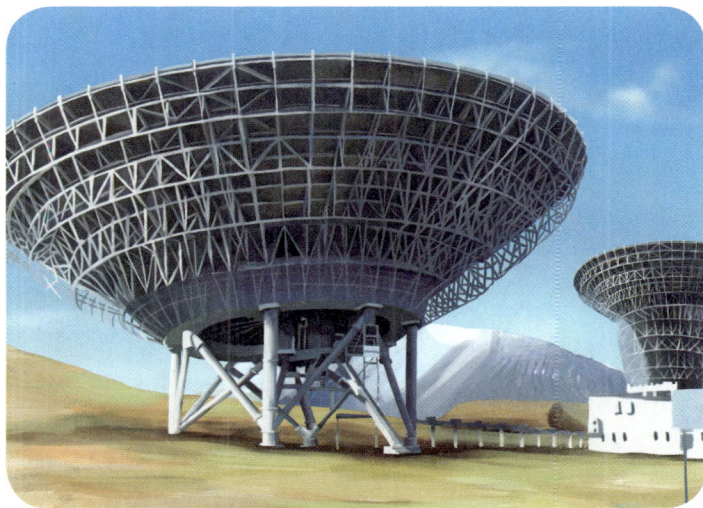

回澜·拾贝

被淹没的城镇 "法夫"席卷洪都拉斯后，乔洛马小镇被洪水吞没，数千人遇难。

淤泥成灾 "法夫"消退后，洪水带来的淤泥有6米多深，覆盖了数万平方千米的土地。

姗姗来迟的风暴——飓风"安德鲁"

　　"安德鲁"原是非洲西海岸的一个热带气旋，移动到大西洋中心地带后逐渐加强成为热带风暴，随后登陆美国，增强为五级飓风，席卷了巴哈马群岛、佛罗里达州、路易斯安那州，给美国造成巨大的损失。

姗姗来迟的风暴

　　1992年，大西洋飓风季开始两个月时，洋面上并没有出现飓风。人们逐渐放松警惕，没人注意到非洲西海岸正在迅速壮大的热带云团。这个热带云团以超过每小时30千米的速度从大西洋东部洋面扫过，随着对流加强，形成了热带风暴——这就是"安德鲁"。随后，风暴呈现减弱状态。然而，这只是"安德鲁"在等待时机。

威力加强成飓风

　　"安德鲁"在大西洋上游荡，逐渐靠近加勒比海东部的一个群岛。随着大气环流形式的变化，"安德鲁"迅速增强，显露出飓风眼，风速近于五级飓风风速级别。随后，"安德鲁"像一头疯狂的野兽，带着猛烈的风雨扑向巴哈马，横扫自由岛和贝利岛，毁掉数千所民居，造成4人遇难。"安德鲁"呼啸前行，又袭击了佛罗里达半岛的迈阿密，并且登陆佛罗里达州南部，达到五级飓风级别。

飓风减弱

经过4个多小时的肆意咆哮，"安德鲁"将目标由佛罗里达州南部转向墨西哥湾东部，强度有减弱趋势。"安德鲁"来到墨西哥湾，受当地气候条件的影响，再次猖狂起来，并且以三级飓风的强度登陆路易斯安那州。随后，狂风大雨接踵而至，波及周围各州，造成巨大损失。所幸，来自美国西海岸的高空西风槽及时到来，使"安德鲁"飓风迅速减弱消散。

回澜·拾贝

西风槽　北半球副热带高压北侧的中高纬度地区，高空盛行西风气流。西风气流的波动会形成低压的槽和高压的脊，低压的槽线就被称为"西风槽"。

摧毁机场　飓风登陆佛罗里达州后，途经距海岸线数千米的迈阿密机场，将机场摧毁。

路易斯安那州风景

美国近代最惨痛的灾难

——飓风"卡特里娜"

　　2005年袭击美国的"卡特里娜"飓风是美国历史上遭受的最大自然灾害之一。这场强度为五级的飓风横扫美国的多个州，其中路易斯安那州的新奥尔良市受灾最为严重。

强劲的飓风

　　"卡特里娜"于2005年8月中旬在巴哈马群岛附近生成。发展成飓风后，它穿越佛罗里达州，进入墨西哥湾。由于受到这一海区气流的影响，"卡特里娜"迅速增强到五级飓风级别，并且在密西西比河口再次登陆，横扫岸上建筑。"卡特里娜"引起9米多高的风暴潮，严重摧毁了路易斯安那州、密西西比州、阿拉巴马州等州，使新奥尔良市几乎沦为一片废墟。

引发龙卷风

　　"卡特里娜"不仅引发了强大的风暴潮，还催生了猛烈的龙卷风。据统计，"卡特里娜"所经过的地区共生成了62个龙卷风，乔治亚州在一天内就生成了18个龙卷风，造成巨大的损害。

新奥尔良的灾难伏笔

　　路易斯安那州的新奥尔良市地理位置特殊，整个地区呈平底锅状，平均海拔在海平面以下，周边水域地理位置均高于城市所在区域。城市南面是密西西比河，北面是庞恰特雷恩湖，且濒临飓风频发的墨西哥湾。整座城市的防洪设施只是384千米长的防洪堤坝和抽排水系统。所以，一旦洪水袭来，后果将不堪设想。

"卡特里娜"飓风发生前　　　庞恰特雷恩湖

诺科　　肯纳　　梅泰里

卢灵　　　哈拉汉　　新奥尔良

马雷罗区

卡塔瓦切湖

莱里湖

萨尔瓦多湖

"卡特里娜"飓风发生后

飓风的加强站

　　墨西哥湾是北美洲大陆东南沿海水域，汇集了来自赤道的洋流，接纳了信风带来的大西洋温暖洋流，融汇了来自加勒比海的暖流，整个海湾海水温度较高，相当于一个巨大的热水库。同时，墨西哥湾地处北大西洋西南部的东风带，又与高空西风带相邻，具备了强力的气流和适宜的气压条件。在这些因素的共同影响下，墨西哥湾成为飓风的加强站。

新奥尔良沦为水城

　　"卡特里娜"登陆路易斯安那州后，新奥尔良首当其冲。狂风将树木连根拔起，摧毁了大量建筑，掀翻了海上的船只，切断了当地的供电系统。飓风引发的巨大风暴潮导致部分运河出现溃堤。据统计，风暴潮共造成53个堤口。肆意的洪水从各个堤口涌进新奥尔良市，吞没了城市80％的区域，包括两个大型机场。由于市内水深数米，街道和高速公路都无法通行，新奥尔良市成为与外界分离的一片汪洋。

避难场所成为人间地狱

"卡特里娜"登陆新奥尔良后，政府组织群众进入当地的体育馆和会议中心暂时避难。体育馆内约有2.5万名灾民。他们每天只能领取两瓶瓶装水，严重匮乏食物。由于飓风摧毁了供电系统，体育馆内的空调无法运行，导致整个体育馆空气不通，痢疾暴发。此时的另一大问题就是灾民的暴乱。体育场内经常发生打架、盗窃、强奸事件，枪声四起，甚至经常有人被杀，警察也时常受到偷袭。

飓风影响

飓风过后，美国新奥尔良市居民纷纷撤离，该市人口大规模下降，一些劫匪趁机作乱，当地出现无政府的局面。美国多个地区的城市供电、交通受到影响。此外，美国纽约股市也受到飓风影响，经济损失巨大。同时，墨西哥湾附近部分油田被迫关闭，一些炼油厂和重要的原油出口设施不得不暂时停止工作，导致部分地区原油价格飙升。

新奥尔良市内的体育馆

回澜·拾贝

巨大损失 "卡特里娜"严重破坏了美国的生态环境，造成约1000亿美元的损失，是美国历史上损失最严重的自然灾害之一。

警察的压力 新奥尔良暴乱发生后，新奥尔良警察备受压力，1500名警察里有200多人交出警徽，甚至有两名警察自杀。

规模较小的热带气旋

——飓风"翠西"

    1974年，在阿拉弗拉海生成的飓风"翠西"是规模较小的热带气旋。"翠西"虽然规模很小，威力却很大，登陆澳大利亚北部后，给西北海岸的达尔文市造成巨大的损失。

超出人们的预测

    1974年12月20日，阿拉弗拉海上形成一个大型的云团。随后，370千米外的达尔文气象局检测到这一蠢蠢欲动的热带干扰，并且在第二天启动热带气旋警报。这个热带干扰在当天傍晚增强为热带气旋"翠西"，并且从达尔文北方海域向西南移动。澳大利亚广播公司根据"翠西"的运动轨迹，预测这一热带气旋不会威胁到达尔文市。但是，"翠西"向西南移动到巴瑟斯特岛西端时，却方向一转，直袭达尔文市。

达尔文市

    达尔文市位于澳大利亚西北海岸，邻近亚洲，是澳大利亚最重要的出口港口之一，市内居住着很多澳大利亚原住民和外来移民，因此也被称为"澳大利亚多元文化的首府"。达尔文市所在地区属于热带气候，所以经常受到雷暴和龙卷风的侵袭。

毁城之风

　　"翠西"登陆达尔文市，狂风暴雨接踵而至，摧毁了城市内半数以上的建筑，破坏了大部分交通设施，掀翻了海上船只，导致71人遇难，使2万余人流离失所。由于道路系统和通信系统严重受损，灾民无法转移，也无法与外界相联系，昔日繁华的港口城市一片混乱。

灾后危机

　　"翠西"消散后，达尔文市内出现缺水、断电的情况，各种基础设施都无法使用，3万多灾民在废墟里急需救援。与此同时，100多人需要送到医院进行手术，有数百人需要在医院治疗，造成医院的拥堵。在这样的形势下，当地瘟疫蔓延，人们苦不堪言。数万名灾民被政府派遣的军用车辆转移到外地，但仍有部分灾民坚守家园，协助政府重建城市。

回澜·拾贝

　　高夫·惠特兰　"翠西"登陆时，澳大利亚总理高夫·惠特兰正在访问美国雪城。他听闻风灾后，立刻赶回澳大利亚视察灾情。

　　飓风纪念馆　飓风过后，人们为了铭记这一城市浩劫，在新建的达尔文市内建立了一座飓风主题的纪念馆。

　　达尔文重建工作委员会　达尔文重建工作委员会由澳大利亚总理组织成立，用以协助达尔文市的灾后重建。到1978年，达尔文市已经恢复了大部分建筑。

重建后的达尔文市

世纪飓风——飓风"吉尔伯特"

飓风"吉尔伯特"也称飓风"雨果",形成于大西洋,横扫印度群岛和中美洲部分地区,波及多个国家,造成巨大的人员伤亡和经济损失,是一场震撼20世纪的飓风,因此也被人们称为"世纪飓风"。

一路狂飙的飓风

1988年9月,西非海岸形成一个热带扰动,并且在加勒比海的高温海水的影响下发展成为热带风暴"吉尔伯特"。在海水和大气的共同作用下,"吉尔伯特"很快增强为三级飓风,卷起10米多高的海浪,以每小时约140千米的速度向西印度群岛和中美洲海岸发起攻击。登陆牙买加后,"吉尔伯特"继续增强,很快达到五级飓风强度,并且登陆墨西哥尤卡坦半岛,穿过墨西哥湾,直袭美国。据统计,"吉尔伯特"持续了9天,导致上千人遇难,造成约80亿美元的经济损失。

遭受重创的墨西哥

墨西哥在这场飓风中损失最为惨重。自"吉尔伯特"以每小时300千米的速度登陆墨西哥后，狂风暴雨随之而来。滔天巨浪袭击了墨西哥的数个州，导致建筑物、供水供电系统被破坏，造成数百人遇难，使成千上万的居民颠沛流离。墨西哥尤卡坦半岛东北角的旅游城市坎昆在飓风的蹂躏下由昔日的天堂变为一片废墟，约6000名游客受到灾害影响。

其他国家受灾情况

"吉尔伯特"一路横扫多个国家，所经之处均遭受巨大损失。在海地，"吉尔伯特"引发了巨大的洪水，几乎将海地的全部农作物毁掉，迫使政府宣布国家处于紧急状态。在牙买加，"吉尔伯特"摧毁了全国约20%的房屋，导致30人遇难、近50万人无家可归，使整个国家一片混乱。另外，"吉尔伯特"还给洪都拉斯、美国等国家带来诸多不利影响。

回澜·拾贝

受灾国家 "吉尔伯特"席卷了牙买加、海地、多米尼加、洪都拉斯、墨西哥和美国部分地区。

美国灾情 "吉尔伯特"在美国得克萨斯州引发18处旋风和多处洪水，摧毁了城市建筑和公路系统，造成巨大的损失。

目空一切的掠夺者——飓风"艾琳"

2011年，大西洋飓风季到来后，热带风暴"艾琳"在大西洋上生成。为了减少飓风损害，美国政府组织疏散了沿海10个州的数百万民众。但是，"艾琳"依然造成约40人遇难，并且重创美国的交通系统。

美国10州大疏散

"艾琳"自2011年8月20日在大西洋生成后，于22日增强为飓风级别，在向东北方向推进的过程中，又加强为三级飓风。26日，纽约州要求沿海居民撤离到安全地带。同时，从北卡罗来纳州至缅因州的9个州也宣布进入紧急状态，并且对沿海居民进行了疏散。这是美国有史以来第一次为了预防自然灾害而进行的大规模疏散行动。

登陆美国东海岸

27日，"艾琳"减弱为一级飓风，登陆美国东海岸的北卡罗来纳州，摧毁了海岸上的木质码头，破坏了威尔明顿地区的民居、树木，导致约16万用户电力中断。随后，"艾琳"以每小时22.5千米的速度沿海岸线继续向东北偏北方向推进。据统计，美国东部沿海约有5000万名民众受到"艾琳"的影响。

严重影响美国交通运行

为了减少飓风造成的损害，美国政府决定在沿海居民撤离后封闭飓风影响区的道路，同时下令停运美国东北部的火车班次。在飓风的影响下，美国有上千次航班被迫取消，造成大批旅客滞留机场。道路系统的受阻严重影响了美国民众的生活，扰乱了游客的行程，造成巨大的经济损失。

地铁停运

纽约州宣布，城市地铁系统在飓风到来时全线停运。这是纽约第一次为应对自然灾害而宣布地铁停运。

回澜·拾贝

多米尼加受灾 在飓风的影响下，多米尼加沿海地区 45 个村庄被洪水淹没，上万名民众流离失所。

舰队撤离 驻扎在弗吉尼亚州诺福克等地的数十艘军舰为了躲避飓风的影响，提前撤离了驻军港口。

与飓风遥遥相望的兄弟——台风

台风与飓风都是产生在热带海洋的气旋，因发生地点不同而被赋予不同的名称，美国一带称其为"飓风"，中国、菲律宾、日本等地称其为"台风"。台风通常会给沿海一带造成巨大的灾害，但也有有利的一面。多个台风在同一海域同时形成，会相互影响，形成多旋共舞的现象。

台风的源地

太平洋和大西洋是台风发生频率较高的海域，每年平均生成80～100个台风。台风主要发生于8个海区，包括北半球的北太平洋西部与东部、北大西洋西部、孟加拉湾和阿拉伯海5个海区以及南半球的南太平洋西部、南印度洋西部和东部3个海区。据统计，太平洋海区是台风发生最频繁的海区。

台风的形成

当热带海洋的温度足够高时，蒸发到空气中的海水就会在海洋上空形成一个低压中心。在气压的变化和地球自转的影响下，空气发生定向流动，形成逆时针旋转的热带气旋。只要温度条件适宜，热带气旋就会不断增强壮大，形成呼啸的台风。

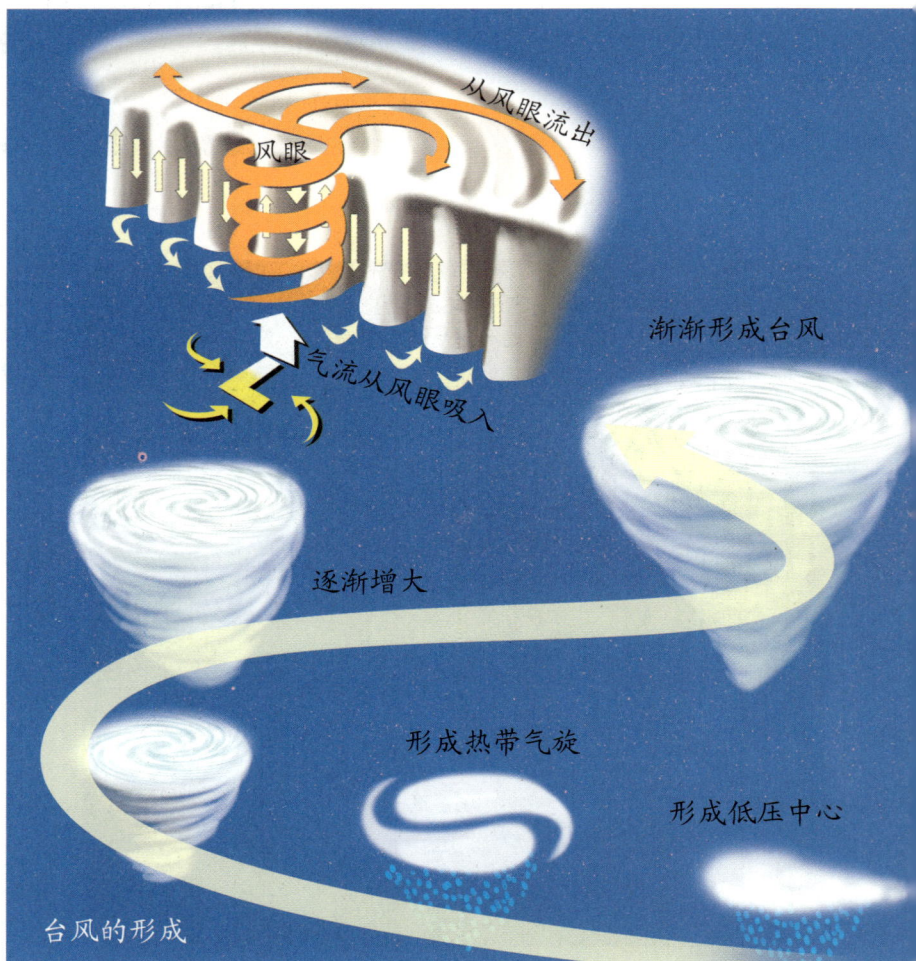

从风眼流出

风眼

气流从风眼吸入

渐渐形成台风

逐渐增大

形成热带气旋

形成低压中心

台风的形成

台风结构

　　根据不同部分的气流速度，台风可以分为外圈、中圈、内圈3个部分。外圈半径为200～300千米，风力强劲，风速向中心急剧增大；中圈半径约为100千米，是破坏力最强的部分；内圈半径一般为5～30千米，也称"台风眼"，是台风结构里最为平静的区域。

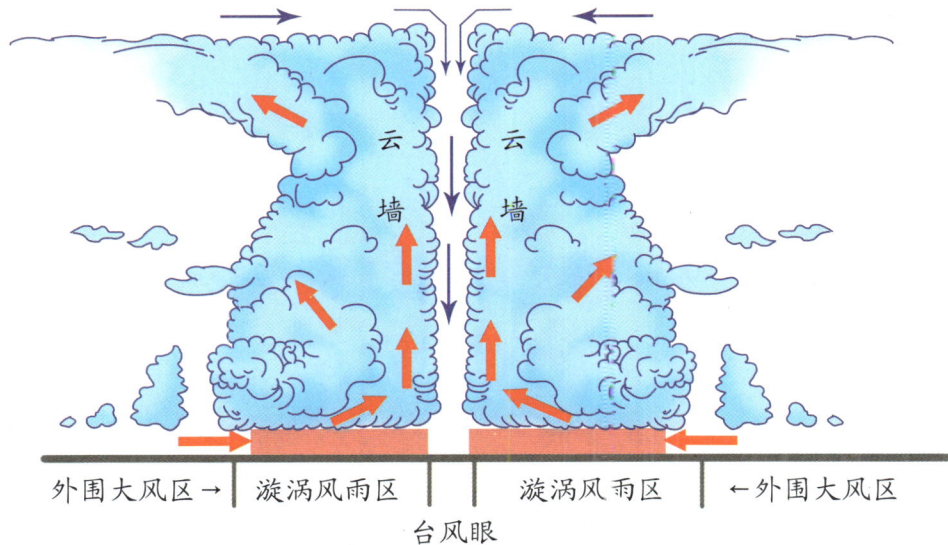

台风眼的奥秘

　　台风外层狂风呼啸，台风眼处却平静无风。这是为什么呢？原来，台风内部的风沿着逆时针方向吹，使中心空气发生旋转。这一过程产生的离心力与中心旋转吹入的风力相互抵消，从而使台风中心的区域不受强烈气流的干扰，形成数千米风平浪静的区域。同时，由于台风眼处的空气会下沉增温，因此台风眼处通常会云散雨消。

外围大风区 → ｜ 漩涡风雨区 ｜ 漩涡风雨区 ｜ ← 外围大风区

台风眼

云墙　　云墙

台风的好处

　　台风虽然给人们造成巨大的损失，但也有积极的一面。台风是地球重要的温度调节大使，不仅可以驱散热带、亚热带的干燥和炎热，还可以为寒带带来温暖。台风带动的巨大能量流动维持着地球的热平衡，有利于生物正常繁衍。此外，台风还是甘霖使者，可以为所经之处带来丰沛的雨水，缓解旱情。除了这些，台风还会扰动海水，将海底的营养物质翻卷到海水上层，为鱼类提供营养，吸引鱼群，为渔民捕鱼带来便利。

太平洋的台风

太平洋的台风主要发生在4个海域：西北太平洋的菲律宾群岛以东和菲律宾群岛附近海面是台风发生最多的海域，几乎全年都有台风发生；太平洋西部的马里亚纳群岛附近海域通常会在7—10月刮起大规模的台风；位于太平洋户部的马绍尔群岛附近海域每年10月都会频繁生成台风；中国南海的部分海域则会在6—10月频繁发生台风。

三旋共舞

"三旋共舞"是指海洋上同时出现3个热带风暴及以上级别的热带气旋的现象。2015年7月，中国气象部门观测到西北太平洋上形成了第9号台风"灿鸿"、第

1510 号台风 "莲花"

1509 号台风 "灿鸿"

1511 号台风 "浪卡"

10号台风"莲花"、第11号台风"浪卡"。3个台风在海面上相互影响，不停地移动。气象部门当时预测，"灿鸿"和"莲花"可能会造成双台风效应，先后影响福建和浙江沿海地带。

三旋共舞的特点

据统计，从2000年到2014年，西北太平洋及南海共出现9次三旋共舞的现象，主要集中出现在台风多发的8—9月。根据3个台风的相对位置，我们可以将三旋共舞分为"三足鼎立"型和"一字排开"型。"三足鼎立"型的3个台风中心连线大致构成三角形，"一字排开"型的3个台风中心连线基本构成一条直线或弧线。

回澜·拾贝

双台风效应 双台风效应是指两个台风靠近时会产生相互影响的现象。这一现象由日本气象厅台长藤原博士发现，因此也被称为"藤原效应"。

不对称性 台风的内区和外区是不对称的，这样的结构有利于台风的发展和能量传输。

台风登陆 台风中心整体移动到陆地上，则称"台风登陆"。

"三旋共舞"的两种类型

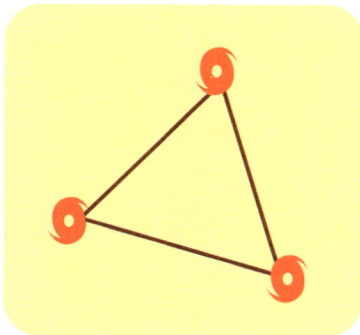

"三足鼎立"型

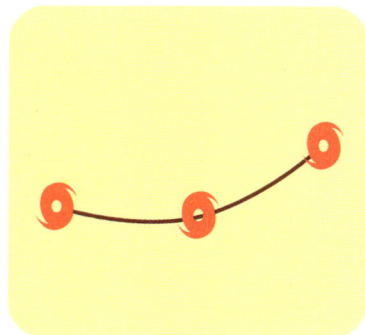

"一字排开"型

台风预报

为了减轻台风造成的损害，人们可以通过气象卫星监测台风的动向和强度。气象部门会通过媒体发布台风预报，防汛部门会对台风动向和强度进行实时分析。它们发布相关预警信息，帮助人们躲避危险。海上船只如果不能及时避开台风，则很容易引发海难。

气象卫星云图

气象卫星从太空拍摄到大气云层的分布情况，通过电信号将信息传送到地面，地面站将信号复原，就可以绘制成气象卫星云图。通过气象卫星云图，气象部门工作人员可以分辨出台风中心的位置，了解台风的范围，预测台风的强度。通过对气象卫星云图的计算和处理，人们还可以监测台风移动的方向和速度。

预警信息发布

　　根据台风的强度，人们分别以蓝色、黄色、橙色、红色表示不同的预警信号。台风预警信号由气象部门通过消息、警报、紧急警报等方式发布。如果台风距离预报责任区较远，尚构不成威胁，但预计其可能影响这一区域，气象部门就可根据具体情况发布"消息"；如果热带风暴、台风会在未来48小时内波及或严重影响预报责任区，气象部门则该发布"警报"；预报责任区将受热带风暴、台风严重影响时，也应发布"警报"；如果热带风暴、台风将在未来24小时内登陆、临近预报责任区沿海，那么气象部门应发布"紧急警报"。

预警信号	发布标准
台风预警信号蓝色 TYPHOON	24 小时内可能或者已经受热带气旋影响，沿海或者陆地平均风力达 6 级以上，或者阵风 8 级以上并可能持续。
台风预警信号黄色 TYPHOON	24 小时内可能或者已经受热带气旋影响，沿海或者陆地平均风力达 8 级以上，或者阵风 10 级以上并可能持续。
台风预警信号橙色 TYPHOON	12 小时内可能或者已经受热带气旋影响，沿海或者陆地平均风力达 10 级以上，或者阵风 12 级以上并可能持续。
台风预警信号红色 TYPHOON	6 小时内可能或者已经受热带气旋影响，沿海或者陆地平均风力达 12 级以上，或者阵风 14 级以上并可能持续。

"爪哇海"号沉船记

　　1983年10月21日，第16号强台风形成。中国气象部门作出预警，提醒海上船只应急避险。此时，美国"爪哇海"号钻井船正在南海石油开采区进行钻探作业。中国"南海205"号补给船带着淡水、燃油、食品等物品靠泊"爪哇海"号，以提供补给，并且通知了台风即将到来的消息，建议"爪哇海"号返回港口躲避台风。但是，美国船长不以为意，依旧进行作业。

　　10月25日，台风逐渐向"爪哇海"号所在海区推进。海区上风力增强到9级，暴雨从天而降。台风席卷而来，风速增至每秒40米，风力超过12级，巨浪超过13米。强劲的台风将"爪哇海"号的大锚摧毁，使船体出现裂缝，导致巨浪涌入船内，引发船体沉没，船上的80多人全部遇难。

回澜·拾贝

近海监测　台风到达近海海域时，人们可以通过雷达系统监测台风动向。

第一颗试验性气象卫星　"泰罗斯1"号是世界上第一颗试验性气象卫星，由美国建造，于1960年4月1日发射成功。

风　　讯

除了通过科技手段监测台风，沿海居民还会通过观察环境变化预测台风。在台风到来之前，海浪、风向、海洋动物通常会出现异常迹象。人们可以通过这些迹象简单地预测台风。这是沿海居民一代一代流传下来的宝贵经验，为人们的生产、生活提供了巨大的帮助。

台风中心传来的海浪——涌浪

涌浪也称"长浪"，通常从其他海区传来，或者是因当地风力、风向的改变而产生。这种海浪比较低，浪尖稍圆，浪头之间相隔比较远，节拍缓慢。涌浪靠近海边时会形成碎浪，使水位上升。一般来说，在台风离海岸还比较远的时候，人们可以看到台风中心传来的涌浪。

台风的号角——海响

在台风到来的前几天，沿海居民可以听到远处海面上传来巨大的声响——这就是海响，也称"海吼"。这种声音与飞机在天空经过时的声音类似，在夜晚尤为明显。台风靠近时，海响会越来越强烈；台风远离时，海响会逐渐减弱。沿海居民通过这一经验，可以预测台风，减少损失。

会叫的岩洞

浙江舟山群岛有一个面临大海的岩洞，在台风到来前会发出巨大的声音。

天空异象

台风在离海岸较远的地方运动时，沿海居民通常会在早晨、晚上看到天空中出现扇形展开的发光云彩——这就是"台母"。当台风接近的时候，阳光在云的屏蔽下会在天空形成一条条暗蓝色条纹，沿海居民称之为"风缆"。除了台母和风缆，断虹也是台风将袭的征兆。断虹没有弯曲的形状，色彩也不鲜艳，通常在黄昏时分出现在东南方的海面。人们看到断虹，就会停止出海捕鱼，躲避台风。

风的消息

一般而言，影响中国的台风会从东南方的大洋上推移而来。台风到来之前，会对某些地区造成气流干扰，使这些地区出现西、北、东3个方向的风。这些风如果持续时间较长，就说明台风即将到来。中国渔民流传的谚语"一斗东风三斗雨"形容的就是这一现象。

听风

渔业工人有时会把充满氢气的气球放在耳边听，以判断台风是否会出现。这是因为台风到来前会产生一种低频声波，而这种声波可以让充满氢气的气球产生振动。气球的振动可以让人的耳膜产生振动的感觉。当台风靠近时，这种振动会更加强烈和清晰。

水母潜入深海

台风运动时会与海浪共同作用，产生低频声波。水母可以敏锐地听到台风与海浪产生的次声波。所以，当台风来临时，水母就会纷纷离开浅海，游向海洋深处，以躲避狂风巨浪。根据这一原理，人们研究出了台风预报仪。

海面上的磷光

台风到来前，夜晚的海面上有时会出现不断闪烁的磷光，渔民称之为"海火"、"浮海灯"。之所以出现这种现象，是因为海洋中的发光浮游生物和附生着磷细菌的鱼类在台风到来前会上游到海面，产生生物发光。渔民看到海面上一闪一闪的磷光时，就知道台风将要到来。

回澜·拾贝

台风预报仪 台风预报仪包括喇叭与接受次声波的共振器、指示器等。指示器可以指示台风强度；喇叭可以自由旋转，锁定台风方向。

海鸟着陆 台风到来前，海鸟会成群地飞向陆地，甚至会停歇在船只甲板上。

深海鱼上游 台风到来前，深海鱼类通常会游到浅海区。

横扫韩国南部的强风——台风"鸣蝉"

　　台风"鸣蝉"又名"普杰",于2003年9月重袭了韩国南部地区,给釜山地区造成重创。据统计,"鸣蝉"造成韩国南部数百人遇难,导致上万名群众沦为灾民,破坏了数万公顷农田,造成巨大的经济损失。不仅如此,"鸣蝉"还影响到中国和日本的部分地区。

一"鸣"惊人

　　"鸣蝉"于2003年9月6日在太平洋上生成,随后向西北方向移动,并且不断增强壮大。9月12日,"鸣蝉"逐渐靠近朝鲜半岛南部地区,登陆后以向东北偏北方向推进,横扫朝鲜半岛东部与南部。"鸣蝉"破坏了供电系统,导致居民区断电;带来狂风暴雨,使一些地区的雨量超过400毫米,导致5000多公顷农田被淹没;引发泥石流,造成列车出轨,使数十名乘客受伤。9月13日,"鸣蝉"离开内陆,以每小时216千米的速度转向海面。

夜袭釜山港

　　2003年9月12日深夜,"鸣蝉"以每秒60米的速度袭击了沉睡的釜山市,卷起了港区10多台重量超过千吨的货物起重机,吹倒了街道上的行道树和路灯,破坏了城市的供水、供电系统。据统计,釜山市约有50万居民的供电被中断,有100多万户被停水。台风还掀翻了停靠在海边的由豪华游轮改造而成的高档宾馆。

影响日本

　　"鸣蝉"不仅横扫韩国东南沿海，还席卷了日本南部的宫古岛，摧毁了岛上的大部分建筑，造成上百人受伤，破坏了岛上的供电网络，使2.2万多名居民断电。

波及中国东南沿海地区

　　"鸣蝉"经过中国东海海域时，为杭州地区带来暴雨和11级的大风。"鸣蝉"还引发了巨大的涨潮。风暴潮与天文潮叠加，导致潮水水位高出警戒水位20厘米，使杭州湾跨海大桥被迫停止施工。为了保护人们的安全，政府组织了治安、抢险突击队随时应急，并且禁止人们登桥看潮。

回澜·拾贝

　　东南沿海大风　　在"鸣蝉"的影响下，中国台湾东部洋面及台湾海峡、东海、浙江东部沿海的风力增强到7～10级，台风中心所经过的附近海面还有11～12级的大风。

超强风暴——台风"凡亚比"

2010年9月15日，中国台北地区附近太平洋洋面上产生热带气旋"凡亚比"，随后一路增强为强热带风暴、强台风、超强台风。"凡亚比"相继登陆台湾花莲、福建，造成巨大的损失。

登陆中国台湾

2010年9月19日，"凡亚比"在中国台湾花莲沿海地区登陆，随之而来的还有瓢泼大雨。据统计，中国台湾屏东、高雄、台东、花莲、宜兰、台南部分地区出现较大积雨量，其中屏东县玛家乡积雨量约为1125毫米。除了降雨，"凡亚比"还带来强劲的大风，花莲地区的强阵风甚至超过17级，宜兰地区也出现了16级的强风。

影响交通

在"凡亚比"的影响下，中国台湾航空运输受到严重影响。据统计，约300次航班被迫延误，金门和马祖所有航班都被取消，因航班受阻而被迫滞留的旅客有上万名。此外，随台风而至的强降雨还导致中国台湾道路系统被破坏，约有40处省、县道公路被阻断。

广东暴雨

台风撤离中国台湾后，在福建省再次登陆，进入广东省境内。在台风的影响下，广东阳春、高州、信宜等地区出现强降雨。据统计，广东西部的数百个乡镇降水量在上百毫米，其中3个乡镇降水超过400毫米，马贵镇累计降水超过800毫米。强降水引发了泥石流和洪水，导致河堤被毁、房屋受损，严重影响了人们的生活。

学校被毁

在台风的影响下，广东高州市、信宜市共有17个镇117所中小学校受灾。其中，高州市58所学校受灾，倒塌校舍9间；信宜市59所学校受灾，倒塌校舍32间。台风过后，学校组织师生重建校园，相关部门也积极采取措施恢复学校供水、供电和道路通行。

回澜·拾贝

"凡亚比"特点 "凡亚比"具有发展快、强度高、路径曲折等特点。

其他地区受影响 在"凡亚比"的影响下，四川、山西等地出现明显降雨天气，新疆、青海部分地区以及北方地区出现大风降温天气，内蒙古、黑龙江、吉林部分地区出现霜冻。

风暴增水——风暴潮

　　风暴潮是一种由强烈的大气扰动引起的海面异常升高的现象，可分为由热带气旋引起的热带风暴潮和由温带气旋引起的温带风暴潮。继飓风、台风之后接踵而来的风暴潮通常会给沿海地区造成巨大灾难。风暴潮如果与天文潮相互重叠，将引发特大潮灾。

大气扰动引发潮水增长

　　飓风、台风等热带气旋和温带气旋在海面上形成时，通常会在海面上空形成一个低温低压区，使周围水蒸气向上运动，造成大气扰动。在气流的带动下，海浪上涌，海面升高，造成风暴潮。人们把由温带气旋引起的风暴潮称为"温带风暴潮"，把由飓风、台风等热带气旋引起的风暴潮称为"热带风暴潮"。热带风暴潮一般来势凶猛，破坏性强。

与天文潮叠加形成特大潮灾

　　风暴潮如果与引潮力引发的天文潮相互叠加，就会使增水高度大幅提升，造成特大潮灾。1992年，中国东海地区的强热带风暴引发了巨大风暴潮，当时正处于天文潮大潮期，二者相互叠加，引起6米左右的大幅增水，导致潮灾爆发。潮水涌向沿海各地，使福建、浙江、上海、江苏、山东、辽宁等省市深受其害，造成数百人遇难，毁坏海堤约1170千米，破坏农田约193.3万公顷，造成经济损失90多亿元。

风暴潮监测

　　为了减轻风暴潮造成的损害，人们建立了验潮站监测风暴潮。目前，中国沿海的验潮站超过200个，分别隶属于国家海洋局、水利部、海军等部门。自20世纪70年代后期起，验潮站对几次较强的风暴潮进行了现场调查，获得了宝贵的资料，为改进风暴潮的预报技术和建设沿海工程提供了重要的指导。

中国水准零点

　　中国水准原点位于青岛观象山山顶处，由中国人民解放军总参测绘局于1956年建成，作为中国的海拔起点。全国各地的海拔高度皆由此点起算。1985年，国家测绘部门以青岛验潮站多年的观测资料为依据，经过科学计算，确定了水准原点的高程为72.260米。

　　2006年，经国家测绘局批准，由专家精确移植水准零点信息数据，青岛市建起了"中华人民共和国水准零点"。同位于青岛观象山的"水准原点"比较计算，中国水准零点标志地下旱井内"零点"石球的顶点高度为海拔0米。

防潮工程

在沿海地区、江河入海口等地，人们建造堤坝、闸坝等建筑，用以抵御暴涨的潮水。其中，防潮闸是调节水利、抵挡海潮、维护航运的大型水闸工程，对防止潮灾、发展灌溉、提供生活用水都有重要的意义。

世界上最大的防潮闸

荷兰位于西欧，临近海洋，地势较低，大部分地区海拔在1米以下，容易受到潮水危害。为了抵御暴涨的潮水，荷兰在阿姆斯特丹市河口区建造了世界上最壮观的防潮闸。防潮闸的关键部分是两扇巨大的闸门，每扇闸门都呈扇形，宽300多米，重约3.6万吨，堪称世界之最。防潮闸将暴涨的潮水抵挡在外，保障了鹿特丹地区上百万居民的安全。

孟加拉湾风暴潮

孟加拉湾位于赤道附近，属于热带季风气候。北印度洋的热带气旋经常在这里形成猛烈的飓风，导致风暴增水，使这片海湾成为风暴潮的多发海域。1970年11月，这片海湾发生的热带风暴潮增水超过6米，造成恒河三角洲一带约30万人遇难，溺死牲畜50多万头，让100多万人流离失所，震惊世界。1991年4月，孟加拉湾又发生一次特大风暴潮，使约13万人遇难，同时造成惨重的经济损失。

缅甸

孟加拉湾

伊势湾潮灾

1959年9月，日本伊势湾发生了严重的潮灾，风暴增水高达3.45米，最高潮位达5.81米。在巨大的风暴潮的冲刷下，伊势湾一带的防潮海堤迅速溃堤，巨浪涌向海湾北部的名古屋地区，使5000多人遇难，导致伤亡人员合计超过7万，受灾人口达150万，造成直接经济损失850多亿日元。

回澜·拾贝

黄海、渤海特有风暴潮 在春、秋季节，渤海和北黄海往往会出现激烈的冷暖气团角逐现象，引发显著的风暴潮。

大沽口潮灾 1895年4月，渤海湾发生的风暴潮摧毁了大沽口大量建筑物，造成约2000人遇难。

世界第一风暴潮 1969年，飓风"卡米尔"在美国墨西哥湾掀起高约7.5米的风暴潮。这是世界上记录到的最猛烈的风暴潮。

海洋冰害

　　海冰是海上航船的"克星"。它们会幽灵般地漂浮在海面上，阻碍船只航行，甚至会引发沉船事故；它们还会将宽广的海面冻结起来，困住船只，甚至将船只挤碎。此外，海冰还会损坏海洋建筑，影响海产养殖业，给沿海地区人们造成巨大影响。

冰　　山

漂浮在茫茫大海上的海冰是船舶的"克星"。这些来自冰川的巨大冰块散布在纬度较高的海域，对船只的航行形成巨大威胁。船舶在有海冰存在的海域航行时要格外谨慎，稍有差池就有可能葬身大海。

冰山的形成

两极气候寒冷，大量积雪在重力作用和巨大压力下，日积月累，逐渐形成巨大的冰盖。冰盖不断加厚，就会形成冰川。每年春夏两季，天气回暖，冰盖和冰川的边缘会发生断裂，断裂部分落到海洋里，就变成我们所说的冰山。在两极海域，形态各异的冰山数量巨大。

两大来源

目前，南极冰盖和格陵兰岛冰盖是世界上海洋冰山的两大主要来源。北极地区降雪主要集中在北冰洋和格陵兰岛，但北冰洋海冰过薄，无法形成厚厚的冰盖，反倒是格陵兰岛条件不错，形成了冰盖。格陵兰岛冰盖是北极冰山的主要来源。南极地区各项条件都利于冰盖形成，所以冰山比较常见。

形态各异

冰山形态各异，大小不同，小的很小，大的可以高达上百米，就像漂浮的水中之城。分布在北冰洋和大西洋的北极冰山较小，形态比较复杂，而南极冰山体积很大，数量很多。另外，海冰的比重比海水小很多，所以冰山会漂浮在海面上。但是，漂浮在海面上的冰山只是整个冰山的一小部分，淹没在海水下的冰山体积往往是海面上冰山部分的五六倍。

回澜·拾贝

危险 隐藏在水面下的冰山形态复杂，有的能向外延伸出很远，犹如暗礁，所以会给过往船舶带来很大威胁。

卫星监测技术 现在，人们观测冰山主要采用卫星监测技术。这种技术可以提供冰山漂移的详细资料，使监测结果更科学。

淡水资源 近年来，淡水资源日渐匮乏。科学家们经过研究认为，未来人们有可能会从两极拖拽冰山解决淡水危机。

海冰概述

海上的冰块和冰山，受风力等因素的影响，会发生漂移。在一些海域，海水也有可能因天气异常出现突然结冰的现象。这些情况给海上航船和海上生产带来巨大威胁。

原 因

海冰与我们平时见到的淡水冰不同，其结冰点会随各种因素的变化而发生变化。海冰虽然密度很大，但不如淡水冰坚硬。海冰生成、发展、消融的过程都相当复杂，受气温和海水盐度等因素的影响较为明显。温度越低，海冰的抗压强度就越大。

海冰类型

　　海冰大致可分为流冰和固定冰两类。流冰是指漂浮在海面上能够随海风和海浪而流动的海冰；固定冰就是与海岸、岛屿或海底冻结在一起，不能做水平运动的海冰。流冰形态多样，但通常是块状的，易碎；固定冰宽度相差很大，基本上是从海岸延伸出来的，所以整体性更强。

固定冰

流冰

北冰洋海冰

　　高纬度地区气候寒冷，是海冰的集中地。海冰的范围明显受季节变化的影响。冬季时，北冰洋海冰面积约占北冰洋总面积的70%，除挪威海和巴伦支海的部分区域不结冰外，其余海区基本都有海冰存在。这些海冰既有冰龄较大的崇冰，又有当年冰。到了夏季，天气回暖，北冰洋海冰覆盖范围便会缩小，但那些永久性冰区仍然存在。

南极海冰

南半球海冰主要集中在南极大陆周围。南极冰盖经过漫长的发展和延伸，在南极大陆周围形成了许多大冰架。夏季，南极海域的浮冰多半会融化掉；冬季，新的浮冰又会形成。

其他海域的海冰

除南北两极外，一些高纬度地区也会因气候变化出现新生当年冰。这些海冰基本上在天气回暖时就会融化。冬季，北太平洋的白令海域、鄂霍次克海以及日本海北部都有海冰。此外，大西洋的纽芬兰、格陵兰、戴维斯海峡一带，因与北冰洋相连，也时有海冰出现。

中国海冰

中国海域广阔，纬度跨度很大，冬季来临时，一些海域会有海冰出现。辽东湾、渤海湾、莱州湾和黄海北部都是能形成海冰的海域。在这些海域中，辽东湾是海冰重灾区。冬季，强冷空气一到，昔日碧浪滚滚的辽东湾海面就很有可能呈现"千里冰封"的画面。

强大的冰层

1969年，渤海海域遭遇特大冰灾。为了解救被困船只，中国空军在厚厚的冰层上投放了30千克的炸药包。但是，威力无比的炸药仍然没有完全炸破冰层，可见海冰有多强大。

回澜·拾贝

推力　海冰在各方作用下会发生运动。运动的过程中，大块海冰会产生推力。这种推力对船舶、海上作业平台等有超强的破坏力。

永久性冰区　北冰洋和南极大陆都有永久性冰区，这些冰区是海冰的一大来源。北纬70°以北的洋区为北半球永久性冰区，南极冰盖是南极大陆最大的永久性冰区。

海冰危害

海冰出现后，有时会影响海洋水文状况、大气环流以及海洋气候。此外，海冰还会给海上运输、海洋渔业以及海洋油气资源开发等活动带来直接损失。近年来，全球气候异常，海冰出现得越来越频繁，使海上作业变得更加艰难。

渔业、海水养殖业受损

海面形成大面积海冰时，将给渔业带来冲击。在这种情况下，渔港无法正常运转，渔船还会受困甚至被损坏。至于水产养殖业，损失会更严重。因为海冰有可能使滩涂贝类缺氧而死。如果海水长时间低温，相应海域内的养殖贝类就会被冻死。面对海冰灾害，人们所能采取的措施有限。所以，一旦海冰灾情发生，损失将十分巨大。

港口、航运受阻

海冰灾情发生后，会快速冰封港口，使海上航道受阻，海上旅客、货物运输将被迫中断。没有返港的船只会被困在海上。海冰具有强大的膨胀力。当温度降低时，海冰就会膨胀，夹在海冰之间的船舶就有可能被破坏，船上的人员和财产将面临很大威胁。

破坏海上建筑

　　海冰漂移时能产生推力和撞击力。在潮汐的影响下，它们还能产生一种竖向力。这几种力量混合在一起具有很大的破坏作用。在海冰的破坏作用下，海上油气勘探和生产设施难免会有损伤。1969年，中国渤海特大冰封期间，打入海底28米的"海二井"石油平台就是被海上漂浮的流冰推倒的。

回澜·拾贝

　　巨大推力　人们经过研究发现，一块6千米见方、1.5米高的海冰，在流速缓慢的情况下，仍然能产生约4000吨的推力。

　　衍生性危害　海冰灾害发生以后，容易造成石油泄漏等事故。这些事故不仅会带来经济损失，还会污染海洋环境，破坏海洋生态系统平衡。

　　辽东湾特大海冰　1996年的冰灾中，整个辽东湾几乎完全封冻。当时，最厚的海冰厚度超过1米。这次冰封造成了巨大的经济损失，共有2座钻井平台被毁、100多艘船只受到严重损害。

万里冰封——渤海湾冰冻

渤海是西太平洋的一部分，也是中国著名的内海，三面环陆，自然条件优越，是中国大型水产养殖基地之一。冬季，渤海经常遭受寒潮侵袭，海面有结冰现象，冰期大约为 3 个月。2009年底至 2010 年初的冬季，渤海遭遇 30 年以来最严重的一次冰害，造成的经济损失近 55 亿元 。

海冰来袭

2009年底，强冷空气袭击了渤海和黄海北部，浩瀚的海面上出现了海冰。随着时间的推移，渤海和黄海的冰情不断扩大，逐渐发展成为30年来最严重的冰害。截至2010年1月23日，海冰的范围已经扩大到4.6万平方千米，渤海超过一半的面积被海冰覆盖，出现万里冰封的景象。为解救被困船只，当地政府出动了大量破冰船。在此过程中，"海冰721"号破冰船开辟了一条条航道，让许多被困船只脱离困境。

回澜·拾贝

破冰船 破冰船是用于破碎水面冰层，开辟航道，保障舰船进出冰封港口或引导舰船在冰区航行的勤务船。

次生灾害 海冰融化后，会产生堆积冰和冰排。这些海冰漂浮在海上，对航行、海上作业形成巨大威胁，容易引发次生灾害。

沉没的梦幻之船——"泰坦尼克"号

1912 年 4 月 15 日，梦幻之船——"泰坦尼克"号邮轮因撞击冰山而沉没，造成船上 1500 多人丧生，损失惨重。

豪华的客轮

1909年3月，英国白星海运公司出资建造了"泰坦尼克"号邮轮。这艘邮轮长271米，有11层楼房高，船速为26节，排水量达4.5万吨。邮轮上设施齐全，既有如皇宫般的舱室，也有健身房、咖啡厅、壁球厅、图书室等休闲娱乐设施，特别豪华。当时，英国一些达官显贵及社会名流均以乘坐这艘邮轮为荣。

巨轮的初航

1912年4月10日，"泰坦尼克"号停泊在英国南安普顿港，举行首航仪式，准备出发驶向美国纽约港。许多社会名流和百姓前来送行。他们站在港口码头上，大声欢呼着，庆祝这个伟大的时刻。在花团和彩带的簇拥下，"泰坦尼克"号喷吐着4根巨大的烟柱，驶离人声鼎沸的码头，向着目的地进发了。

薄雾阻航

在茫茫大海上航行了3天后，"泰坦尼克"号驶入纽芬兰前方海域，遇上了海雾。可是，船长非但没有让邮轮减速，反而为尽早到达目的地而指令船员加速航行。这天夜里，雾气越来越浓，海面上的能见度不足200米，天气状况急转直下，气温骤降，"泰坦尼克"号航行越发困难。就在此时，前方船舶发来电报，声称前方海域有冰山，可并未得到船上人员的重视，"泰坦尼克"号仍然全速前进。

遭遇险情

当天午夜11时30分，一个闪闪发光的东西在前方突然出现。船员仔细辨认，才惊觉那是一座巨大的冰山。情急之下，大副急忙下令满舵左转、全速后退。这时，冰山泛着阴冷的光辉冲过来，撞上船身。刹那间，海水像喷泉一样涌进船舱。人们被眼前的一幕惊呆了，纷纷恐慌地大叫起来。船长和船员认为邮轮可能沉没，开始紧急疏散人员，并发出求救信号。

伤亡惨重

15日凌晨2时左右，"泰坦尼克"号船体彻底断成两截，消失在漆黑的海面上。搜救人员因为不熟悉设备的性能，又没有受过专业的训练，致使可承载1200多人的救生艇没有充分发挥作用，许多人没有得到救援。最终，这次事故共造成1500多人丧生，损失特别惨重。

再探梦幻之船

1985年，科学家们利用科学手段，在"泰坦尼克"号失事海域进行了深海勘察。他们找到船舶的残骸，并搜集到一些残留的钢铁碎片。后来，科学家们经过研究发现，这些钢片的硫含量过高，遇到外力冲击时容易断裂，是"泰坦尼克"号沉没的一个重要原因。

永恒的经典

1997年11月1日，由詹姆斯·卡梅隆导演创作的电影《泰坦尼克号》正式上映。这部影片一经上映就引起轰动。2012年4月，为纪念"泰坦尼克"号沉船事件100周年，这部影片以3D形式再次与观众见面。尽管是第二次上映，这部影片仍然取得了良好的票房成绩。

回澜·拾贝

人数 "泰坦尼克"号邮轮上共有2223人，但最终获救的只有700多人，其余1500多人遇难。获救的700多人中多数是妇女和儿童。

教训 "泰坦尼克"号海难是死伤人数最惨重的海难之一，对世人来说是一个惨痛的教训。从那以后，人们更加意识到冰山对航海的严重危害。

沉没南极——"探索者"号

近年来，风光别具一格的极地逐渐成为旅游爱好者眼中的胜地。许多人希望到极地探险，一睹极地绝美风采。殊不知，极地虽然风光美丽，但也潜伏着很多危险。

旅游与探险新天地

南极大陆拥有独特的自然环境和生物景观，不仅吸引了许多科研工作者，还吸引了世界各地的旅游、探险爱好者。近年来，随着旅游业的蓬勃发展，去南极旅游的人越来越多。专家预计，南极旅游将成为旅游的新趋势。如今，已有很多国家的旅行社开设了南极旅游服务。虽然极地旅游价格十分昂贵，但仍然有很多人争相前往。

"探索者"号

加拿大"探索者"号是极地旅游的先驱。这艘豪华邮轮始建于1969年，长73米，宽14米，排水量为2400吨。别看体积无法与那些巨型邮轮相比，它可是世界上最著名的邮轮之一，因为这艘"小红船"曾成功穿越连接大西洋和太平洋的西北航道，开辟出那里的旅游航线。2007年11月，这艘拥有光辉历史的"小红船"载着100多名乘客出发了，计划在南极游玩两周后返回。没想到，一次意外将这艘名船彻底留在了南极。

危险降临

一天夜里，"探索者"号在漆黑的夜色中穿越布兰斯菲尔德海峡时，不幸与一座漂浮的冰山相撞。随后，冰冷的海水涌进船舱，船体开始慢慢向右倾斜。事故发生后，相关负责人通过广播紧急发出通知，告诉游客和船员时刻做好弃船逃生的准备。在船上人员做了一系列补救措施以后，船体仍然倾斜得越来越严重。在发出求救信号以后，船长果断通知大家弃船逃生。

有序逃生

游客和船员最初得知邮轮与冰山相撞时有些惊慌，但很快就镇定下来。随后，他们被迅速转移到救生艇和救生筏上，等待救援。比较幸运的是，当时海上既没有大风，也没有雨雪，人们不必接受恶劣天气的考验。国际海事救援中心在接收到求救信息后，马上向"探索者"号周围海域的船只发出紧急救援信号。随后，阿根廷、美国、智利、英国派遣船只和海岸警卫队等立即展开积极救援。

惊险获救

凌晨4时左右，正处于春夏之交的南极天色渐渐亮了起来。不久，参与海事救援的挪威邮轮"挪威北方"号和另一艘救援船先后抵达该海域。人们被转移到"挪威北方"号上。此时，"探索者"号邮轮已经严重倾斜，船长和剩下的船员也迅速转移。至此，船上154名被困人员全部获救，被送往智利在南极设立的弗雷基地。

人员组成

"探索者"号邮轮上的154人中，有54名工作人员、3名中国籍乘客，其余乘客分别来自英国、加拿大、荷兰、澳大利亚等国。

救援成功原因

事故发生后，一部分人认为邮轮本身存在安全隐患，但对于"探索者"号发生事故的确切原因至今仍然没有定论。值得庆幸的是，所有人都平安无事。此次救援的成功，一方面是因为"探索者"号邮轮上救援设备、设施齐全与船长、船员临危不乱，另一方面则是因为国际救援迅速及时。此外，天公作美也是救援顺利的一大因素。

事件启示

极地气温低，天气多变，环境复杂，大大小小的冰山非常多。南极旅游可谓危险重重，伴生的风险让人们担忧。现今的旅游公司在南极洲的经营活动基本依靠自律，缺乏统一的安全保证。冰雪、雾气、大风等环境因素随时都有可能变为杀手，使船只航行受阻，甚至轻松地将其破坏。因此，专家建议，去南极旅游要慎重而行。

回澜·拾贝

低温　在南极，除了冰山挑战，还有另外一个较大的挑战——低温。电子、电源系统长时间在低温条件下工作，很有可能出现失灵情况，造成危险。

线路　到南极旅游的游客主要来自发达国家，其旅游线路基本可分为两大类：一种是游客事先到南美洲，然后在南美洲口岸登船前往南极；另一种是从澳洲或非洲乘船或飞机去南极旅游。

隐患　南极旅游的繁荣给南极环境带来很多隐患。人类在南极的活动很有可能破坏南极的生态，加速环境的恶化。

海雾灾害

　　宽广的海面上有时会笼罩着朦胧的海雾，看起来缥缈虚幻，仿若仙境。然而，迷人的海雾却隐藏着危险，会干扰船只航行，甚至导致船只沉没。但是，海雾不会影响人们对海洋的向往。在灯塔、消雾设备的帮助下，人们穿越层层迷雾，执着地扬帆远航。

多样海雾

　　每年 4—7 月春夏交替之际，中国沿海地区经常出现雾气弥漫的景象。此时，碧海蓝天均笼罩在一片白雾之中，宛若人间仙境。这就是人们熟知的海雾。一般情况下，海雾分为平流雾、混合雾、辐射雾、地形雾。不同类型的海雾成因、特点略有差别。

海雾的形成

　　海雾其实是悬浮在海面上方空气中的小水滴。当海面低层大气中水汽增加、温度降低时，大气会逐渐达到饱和或过饱和状态。这时，空气中的大量水汽就会凝结成悬浮的细小水滴。随着水滴数量不断增多，天空会逐渐呈现灰白色，海面上能见度降低，形成海雾。

　　海雾可以长时间笼罩在海面上，这是怎么回事呢？这是因为组成海雾的水滴直径大约为10微米。这样的水滴细小轻盈，每分钟约降落1厘米，使其看起来就像在空中停留不动。

平流雾

　　平流雾是因空气平流作用而在海面上生成的雾，包括平流冷却雾和平流蒸发雾。平流冷却雾也称"暖平流雾"，是因暖气流掠过海面时产生水汽凝结而形成的雾，雾浓且范围较大，持续时间较长；平流蒸发雾又称"海水蒸发雾"，顾名思义，是由海水蒸发而形成的雾，雾区范围大，但雾层较薄。

混合雾

　　混合雾包括冷季混合雾和暖季混合雾。两种雾形成原因类似：海上风暴经常给海面带来弥漫在空气中的水滴，使空气中的水汽逐渐呈现饱和状态。这种空气与高纬度来的冷空气结合，会形成冷季混合雾，与来自低纬度的暖空气结合则形成暖季混合雾。

辐射雾

辐射雾可分为浮膜辐射雾、盐层辐射雾、冰面辐射雾。浮膜辐射雾产生于漂浮在海面上的油污或悬浮物。这些悬浮物结成薄膜，会在天气晴朗的黎明时分因辐射冷却而使薄膜附近的水汽形成雾。浪花飞沫蒸发后，会在空气中留下细小的盐粒，形成空中盐层。夜间，盐层辐射冷却使附近水汽形成盐层辐射雾。冰面辐射雾则是因海上浮冰和冰山辐射冷却而形成的雾。

地形雾

地形雾是由于地形原因而形成的雾，分为空气在沿岛屿攀爬时形成的岛屿雾和在海岸附近常见的岸滨雾。岸滨雾是一种有趣的雾，会随着陆风和海风在海面与陆地之间来回飘动。这种雾在中国东海岸和美国西海岸经常出现。

回澜·拾贝

平流冷却雾　从海雾成因考虑，再结合各大洋多雾区分布，可以看出，那些大范围的海雾主要是受冷海流影响产生的平流冷却雾。

"寒烟"　每年6—7月，日本海的对马岛附近都会出现浓雾，这是暖海面遭遇寒风的结果。人们把这种经久不散的浓雾叫作"寒烟"。

海雾分布

　　海雾的分布与海流的流动有直接关系。一般来说，寒流与暖流交汇的海域容易产生海雾，寒流流经的低纬度海域也容易形成海雾。中国沿海地区经常出现海雾，珠江附近海域海雾较大，严重影响船只航行。

北大西洋的雾

　　北大西洋纽芬兰岛附近是世界著名的多雾区，几乎常年雾气弥漫。这里是墨西哥湾流与拉布拉多寒流交汇的地方，暖湿空气在此容易形成平流冷却雾。这里海雾分布范围特别广，南北跨越20个纬度，向东可以至冰岛海面，使大西洋北部航线整体处在一片雾气朦胧的世界中。

南太平洋的雾

　　位于南太平洋副热带高压区的秘鲁沿岸也是多雾区之一。这里气候炎热干燥，秘鲁寒流的光顾使沿岸低层空气冷却形成大雾。据调查，秘鲁首都利马一年当中大约有8个月的时间被雾气笼罩，简直就是"雾都"。秘鲁人巧妙地利用雾气收集网收集大雾，滋润干涸的土地，缓解旱情。

中国海雾区

中国近海也是世界知名的多雾区。中国海雾以平流冷却雾为主，从南至北呈现出南窄北宽的分布规律。

南海海雾主要集中在两广地区和海南岛沿海，以雷州半岛东部居多。每年1月份，这些海域开始出现海雾；2—3月份海雾浓重；4月份以后，海雾逐渐消散；等到5月份时，雾气几乎消失得无影无踪。

除了南海，东海是另外一个大雾区。3月份时，东海海雾出现；4—6月份是东海海雾最盛的时期，这个时期，长江口至舟山群岛海域、福建及浙江温州等海域雾气浓重，且持续时间很长；7月份以后，雾气散去。

黄海海雾比其他两个海域的海雾来得稍迟一些，4月份才开始出现雾气。但是，黄海海雾持续时间较长，覆盖范围更广，一般会持续到8月份，而且从南至北雾气都很浓重。

珠江海雾

珠江口水域是中国海产养殖、油田钻探、交通运输的重要海域，也是中国的海雾多发海域。冬春季节，在地面和海上暖湿气团的共同影响下，珠江三角洲地区会出现大雾天气，持续时间可超过8天。海雾不仅会影响海域的生产活动，还会影响船只航行，甚至造成船只碰撞事故。

2005年1月，珠江附近海域就因大雾影响而发生了4宗海上交通事故，造成3艘船舶沉没、3人死亡、4人失踪。海雾还经常使华南沿岸地区的交通运输陷入混乱状态，对海域内的经济和社会活动造成严重影响。

回澜·拾贝

极地海雾　极地海雾是空气与冰共同作用的结果。浮冰和海雾，再加上多变的天气，使极地航海更具危险性。

雾窟　山东威海成山头一年当中有80多天雾气缭绕，素有中国"雾窟"之称，曾有海雾数十天不消散的记录。

雾中的明灯 —— 灯塔

弥漫的海雾阻挡人们的视线，严重影响日常航运活动。在一些特殊航段，海雾还容易引起海损事故，十分危险。为了避免碰撞事故发生，让航船在迷雾中找到正确方向，人们发明了灯塔。

灯塔光源

修建灯塔除了要考虑高度和地理位置等因素，最重要的还要考虑光源问题。刚开始修建灯塔时，人们利用木柴燃烧发光。可是，这种光亮有限，持续时间短，且容易被烟雾影响。经过探索，18世纪中后期，人们用无烟油灯作为灯塔光源。后来，人们又将反射镜和透镜应用到灯塔照明上。19世纪中期，英国著名科学家法拉第设计并指导建造了一座电力灯塔。

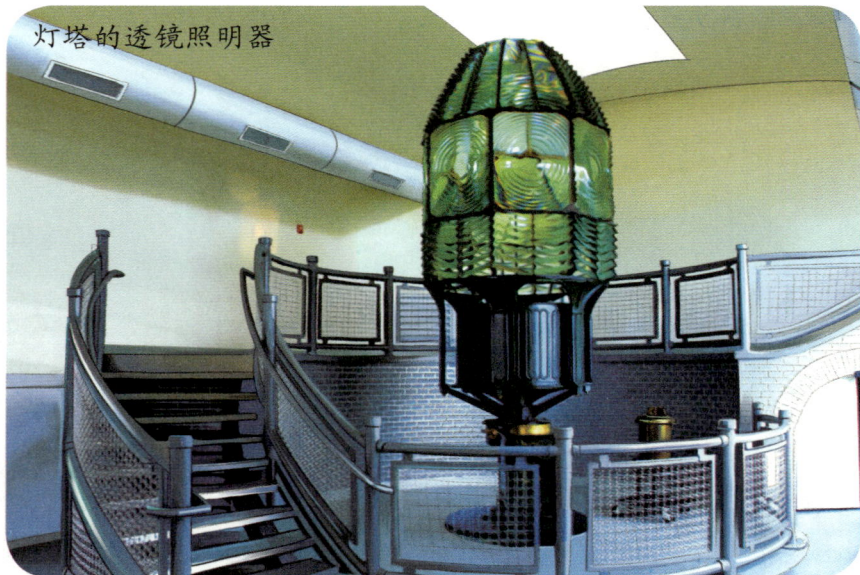

灯塔的透镜照明器

随着科学技术的发展，灯塔光源技术也在不断进步。20世纪，人类将压缩乙炔气体应用到灯塔照明上，还发明了自动电源控制开关，使灯塔管理与太阳能利用有机结合。后来，人类又发明了气体闪光灯塔，使灯塔技术的现代化程度再次得到提升。

灯塔作用

灯塔能引导船舶航行，使其远离危险区。虽然随着雷达、导航等先进技术的出现，灯塔的引导作用已经弱化，但作为航海文化的重要部分，灯塔已经成为沿海地区重要的人文坐标。此外，灯塔还有军事防御和宣誓主权的作用。

埃及航海博物馆

亚历山大灯塔

约在公元前280—前278年，古埃及人就在亚历山大港外的法罗斯岛上修建了一座巨型灯塔——被誉为"世界七大奇迹"之一的亚历山大灯塔。在以后的千年间，这座灯塔一直在黑夜中给水手和船员们以指引。14世纪20年代，一次大地震摧毁了它。15世纪中后期，埃及人在亚历山大灯塔旧址修建了一座新的堡垒。不幸的是，这座堡垒也于19世纪为英国殖民者所毁。后几经修复，这处遗址成为埃及航海博物馆。

海克力士塔

海克力士塔位于西班牙拉科鲁尼亚附近的一个半岛上，建在57米高的岩石上，高约55米。海克力士塔建于古罗马时期，已有1900多年的历史，是世界著名的古老灯塔之一，也是唯一结构与功能保护良好的古罗马时代灯塔。2009年6月27日，海克力士塔被列为世界文化遗产。

横滨海洋塔

横滨海洋塔是为纪念横滨港开港100周年而修建的，高106米，是世界上最高的陆上灯塔。横滨海洋塔采用的是新潮的网状结构。单从外表来看，很少有人能将它与灯塔联系在一起。塔上有可容纳3000人的瞭望厅，置于其中俯首而望，可将横滨港的景色一览无余。夜晚，横滨海洋塔可射出红、绿两色强光，即使远在30千米之外也能看到。

老铁山灯塔

中国灯塔

中国航海历史悠久。早在1000多年前，古人就已经懂得在海岸燃火，引导渔民安全返航。如今，中国漫长的海岸线上已有180多座灯塔，以上海青浦灯塔、浙江温州江心屿双塔、浙江嵊泗花鸟山灯塔、辽宁大连老铁山灯塔、海南临高灯塔等最为出名。1997年，这几座灯塔被世界航标协会评选为"世界历史文物灯塔"。

江心屿双塔

回澜·拾贝

第一座水上灯塔　1584年，法国人在加尤河口建造了世界上第一座水上灯塔。

现代化灯塔　现代化灯塔不仅光源和亮度有所提高，还配备了无线电指向标、自动浮标、雷达等助航设施。这些现代化设施为船舶在雾天或夜晚航行提供了安全保障。

硇洲灯塔　建于1899年的广东硇洲灯塔是世界上现存的两座大型水上水晶磨镜灯塔之一，高23米，光源射程达26海里。

人工消雾

海雾给船舶航行和人们的生产、生活带来很多麻烦。为了避免海雾对航海的危害，减少海雾带来的不利影响，人们建设灯塔、设置各种航标、使用定位雷达、安装各种设备，甚至还发明了许多人工消雾的方法。

人工消雾

海雾会妨碍船舶航行和飞机起落。大雾天气，不仅海上船只安全无法得到保障，就连陆上机场也会被迫关闭，影响是多方面的。为了保障海路与机场正常通行，人们发明了人工消雾的方法。人们最初采用燃烧汽油的方法来蒸发雾气，但这种方法成本较高。后来，人们又发明了吸湿法，即在雾区上空撒播化学物质，降低雾气温度，使其凝结成水滴消散。

回澜·拾贝

成本高　目前已知的人工消雾方法成本大都较高，推广起来十分困难。

最早的人工消雾　二战时期，为了保证英国空军迎击德军战机，英国曾在机场跑道两侧铺设管道，点燃里面的汽油，帮助雾气蒸发。这是已知最早的人工消雾的事例。

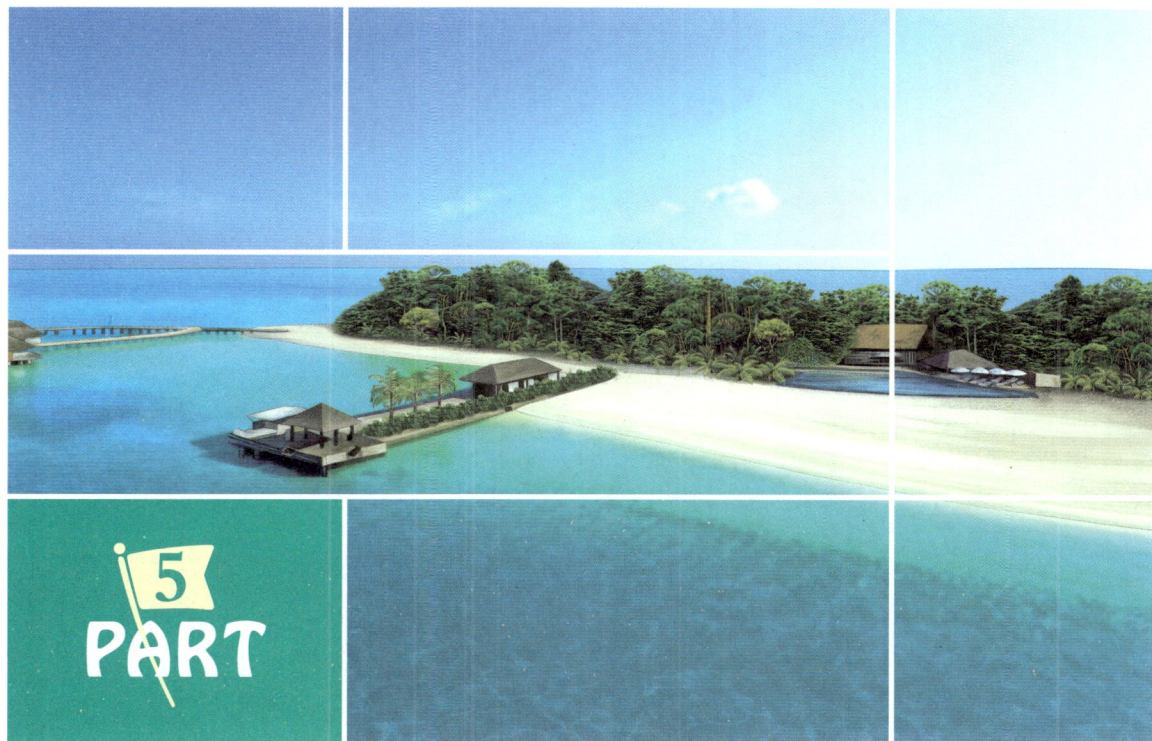

PART 5

其他海洋灾害

　　海洋与人类的生活息息相关。通常来说，海洋的一点微小变化往往可以给人类造成巨大的影响。赤潮、拉尼娜现象、海岸侵蚀等海洋现象对人们来说往往是巨大的海洋灾害。我们应该保护海洋，与海洋和平相处，共同繁荣。

赤潮

赤潮是在特殊环境条件下产生的水体变色的有害生态现象，通常由海洋里的浮游植物、原生动物、细菌暴发性增殖或高度聚集而引起。赤潮区水体可呈现红色、黄色、绿色等颜色。赤潮严重污染海洋环境，还会危害到其他海洋生物的生存，需要加以防范和治理。

历史记载

人类在很久以前就发现过赤潮现象。达尔文在19世纪所写的《贝格尔航海记录》中记载了在巴西和智利附近海面发生的由束毛藻引发的赤潮事件。根据文字记载，中国早在2000多年前就发现了赤潮现象。清代蒲松龄所撰写的《聊斋志异》曾形象地描述了与赤潮有关的水体发光现象。

变色的海水

赤潮是特殊条件下水体变色现象的统称。赤潮的颜色与造成赤潮的生物种类直接相关。中缢虫和夜光藻形成赤潮后，海水会变成红色或粉红色，海面会在夜间出现发光现象；真甲藻暴发性增殖会造成水面呈绿色的赤潮；某些硅藻会形成棕色或灰褐色的赤潮。

赤潮的成因

赤潮的形成与多种因素有关，以海水富营养化、海水温度变化等因素为主。排放到海洋里的工业废水和生活污水中有大量的营养物质，导致海水富营养化，为赤潮生物的繁殖提供了物质基础。径流、水团、海流等也会使海底的营养盐上涌，使海水富营养化。另外，海水养殖时过量投喂营养物质，导致海洋里营养盐含量丰富，也会为赤潮的发生创造有利条件。赤潮发生的另一个重要影响因素就是海水的温度。海水温度为20℃～30℃时较容易形成赤潮。

光照

有机物排入海中

微量元素 →

营养物质

水温

水流

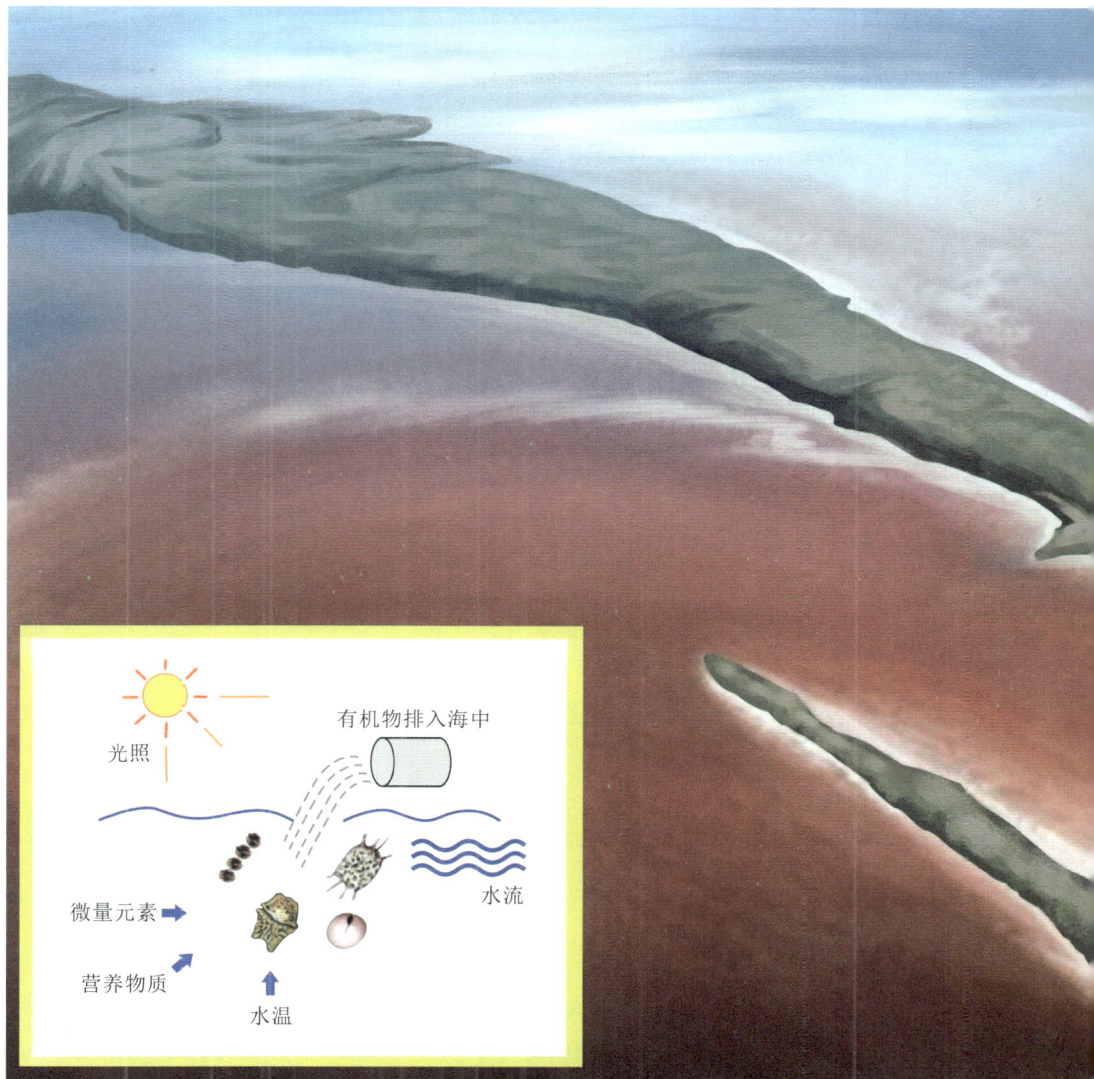

有毒赤潮和无毒赤潮

赤潮可分为有毒赤潮和无毒赤潮。赤潮生物体内含有毒素或能够分泌有毒物质，则其引发的赤潮被称为"有毒赤潮"；赤潮生物体内不含毒素，也不分泌有毒物质，则其引发的赤潮被称为"无毒赤潮"。通常来说，有毒赤潮、无毒赤潮都会对海洋生态环境、渔业发展产生巨大影响。

不同海区的赤潮

根据赤潮发生的海域，可以将赤潮分为外海型赤潮、近岸型赤潮、河口型赤潮和内湾型赤潮。中国经常发生的赤潮是近岸型赤潮、河口型赤潮、内湾型赤潮，集中发生在辽东湾、大连湾、胶州湾、杭州湾、深圳湾、黄河口、长江口、珠江口、厦门港等海域。

赤潮的危害

赤潮发生后，不仅会改变海水的颜色，还会破坏海洋生态系统。大量增殖的赤潮生物会消耗水体内的二氧化碳，破坏水体酸碱平衡，打破原有的生态平衡，影响其他海洋生物的生长繁殖，给渔业生产造成重大损失。分泌毒素或产生特殊化学物质的赤潮生物不仅危害水中生物的生存，还会对人的皮肤和呼吸系统造成伤害。

赤潮影响渔业发展

2009年5月，福建南日岛周边海域的夜光藻大量繁殖，形成10平方千米的大规模赤潮，整片海区变成红褐色。由于当时海水对流缓慢，这次赤潮持续8天，严重影响了当地水产养殖业，造成海洋水产养殖损失约6000万元。

水产品毒素积累

有毒赤潮生物具有毒素，人们将这类毒素统称为"贝毒"。贝毒具有很强的毒性，有10多种贝毒的毒性比一般的麻醉剂药性强10万多倍。当赤潮水域内的鱼类、虾类、贝类摄食有毒赤潮生物后，毒素会在其体内积累。常规的烹饪方法不能将贝毒减少或清除，如果含毒鱼类、虾类、贝类被人们食用，就很容易引发中毒事件。

向赤潮海域撒播黏土

治理赤潮

20世纪80年代，日本向鹿儿岛赤潮海区撒播一定量的黏土，除去了赤潮生物，成功治理了赤潮。这种方法被称为"撒播黏土法"。撒播黏土法是当前世界上应用较为广泛的治理赤潮的方法，但会在一定程度上影响海洋环境。比撒播黏土法更为环保的方法是向赤潮水域投放鱼类、水生植物、微生物，用来抑制赤潮生物繁殖。此外，还可以使用化学药剂控制赤潮生物的增长。

合理开发利用海洋

　　海洋污染是造成赤潮灾害的主因，合理开发利用海洋是预防赤潮的最佳途径。政府应当开展海洋功能区规划工作，采用科学手段对海洋进行合理开发和利用。另外，海水养殖业应推广科学养殖技术，采用科学管理方式，合理控制污染物排放，保护海洋环境。

回澜·拾贝

　　赤潮生物　赤潮生物是引发赤潮的海洋生物的统称，包括浮游生物、原生动物和细菌等。

　　有毒赤潮生物　有毒赤潮生物以甲藻居多，也包括一些种类的硅藻、蓝藻、金藻、隐藻和原生动物等。赤潮生物体内含有毒素或能够分泌有毒物质。

　　福建赤潮　2007年6月，福建平潭一级渔港码头海域、龙王头海域米氏凯伦藻暴增，引发赤潮，造成约500万元的经济损失。

厄尔尼诺现象

厄尔尼诺现象是热带太平洋地区海水温度异常变暖的气候现象，对环赤道太平洋地区的气候影响非常显著。异常的气候变化通过海气作用还可以影响到其他地区，使一些地区遭受干旱、另一些地区饱受洪涝之苦。中国也常受到这一现象的影响。

变暖的海水

19世纪初，南美洲秘鲁和厄瓜多尔的渔民发现：每隔几年，海洋里就会莫名其妙地出现一股沿着海岸向南移动的暖流，使大洋表面的海水温度比平时明显升高。冷水鱼类不能适应海水温度的变化而大量死亡，使渔民遭受巨大的损失。由于海水变暖现象通常发生在圣诞节前后，因此渔民敬畏地将其称为"圣婴"现象。现在，人们称这种现象为"厄尔尼诺"现象。

厄尔尼诺现象期间洋流的流向

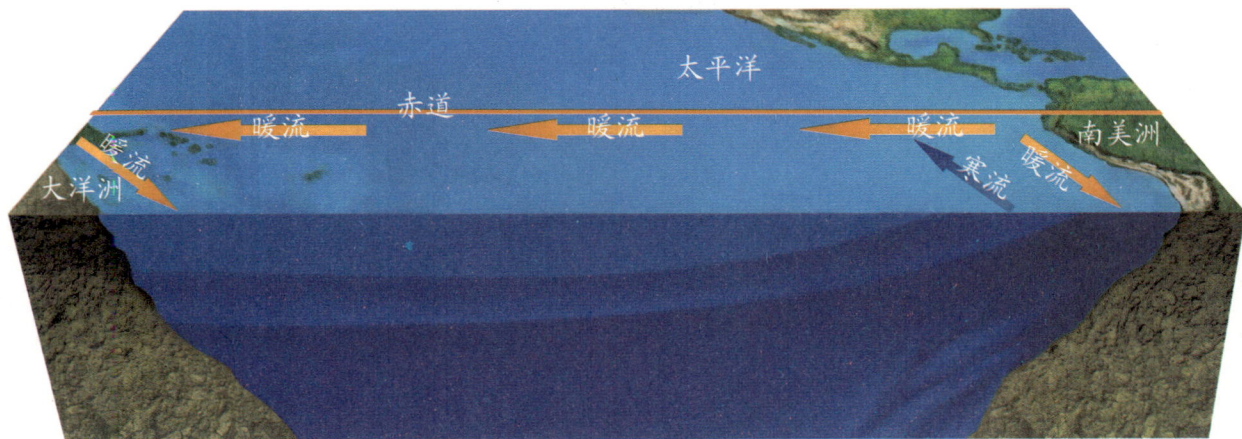

秘鲁渔场

秘鲁沿岸海域是世界著名的渔场之一，海产资源十分丰富。这是由于秘鲁沿岸有强大的秘鲁寒流经过，可以将海底大量的硝酸盐、磷酸盐等营养物质带到海洋上层，为浮游生物的繁殖提供物质基础。厄尔尼诺现象发生时，暖流与寒流相遇，会导致鱼类大幅减产。

东南信风是诱因

东南信风是在南半球副热带高压带形成的东南风。在赤道附近，海水在信风的带动下自东向西流动，形成北赤道洋流和南赤道暖流。流出的海水通过下层海水上升而得到补充。由于下层海水温度较低，所以该海域水温低于四周海域。如果东南信风减弱，冷水上泛就会减少或停止，使海水温度比平时高，并且形成大范围的水温异常升高现象。

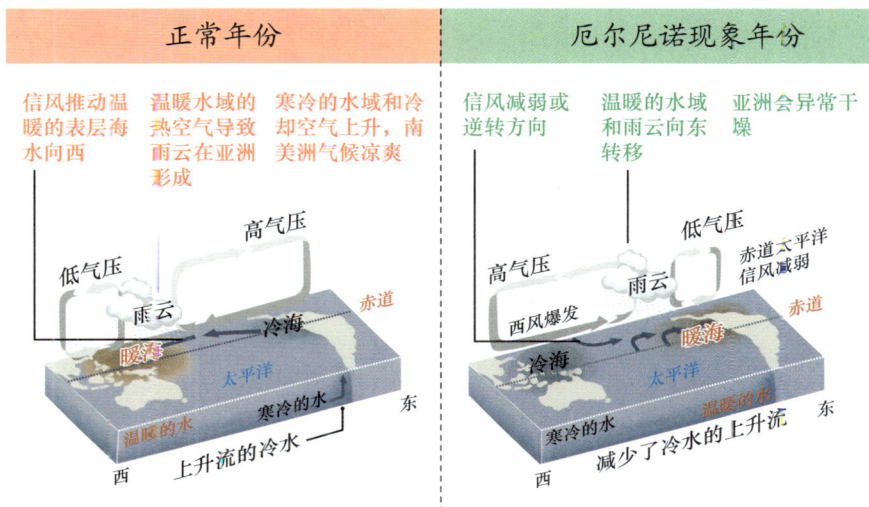

正常年份			厄尔尼诺现象年份		
信风推动温暖的表层海水向西	温暖水域的热空气导致雨云在亚洲形成	寒冷的水域和冷却空气上升，南美洲气候凉爽	信风减弱或逆转方向	温暖的水域和雨云向东转移	亚洲会异常干燥

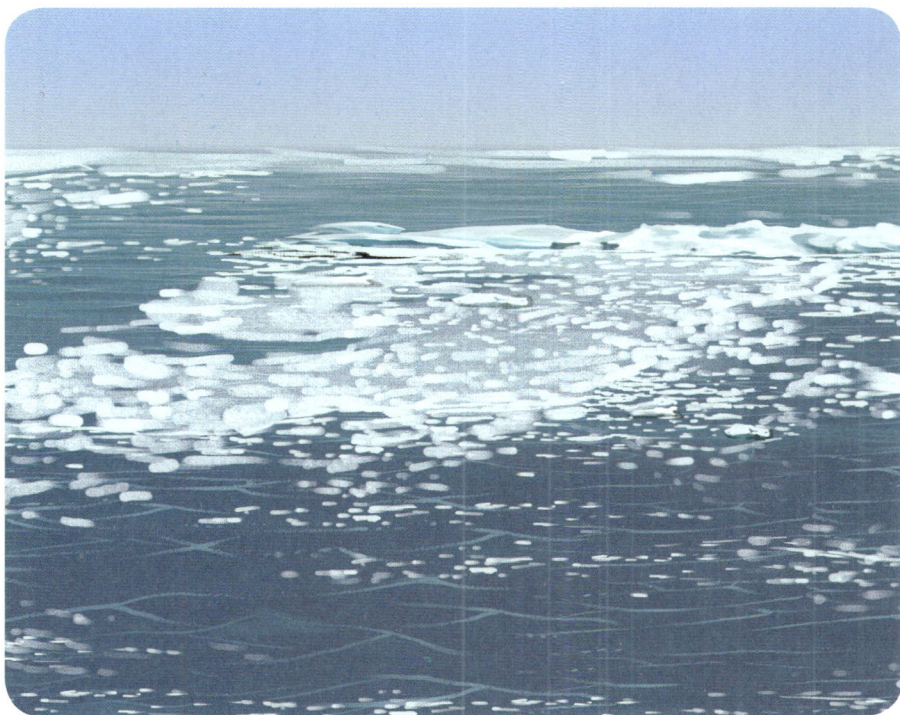

厄尔尼诺现象的反常征兆

厄尔尼诺现象形成前，地球上部分区域会出现种种反常的变化：南太平洋的信风减弱或者改变方向；印度洋和澳大利亚一带气压会显著上升，太平洋部分区域海面气压下降；秘鲁附近的暖空气上升，由太平洋西岸扩散至太平洋东面、印度洋地区；美洲地区出现暴雨，东南亚地区出现干旱；南极半岛海冰减少，两极发生多次日食。

巨大灾害

厄尔尼诺现象不仅会使海水温度异常升高，还会带来反常的气候变化。1997—1998年，厄尔尼诺现象出现，太平洋东部至中部表层海水温度明显增高，比正常温度高出3℃~4℃。在厄尔尼诺现象的影响下，中国华南地区持续降下暴雨，长江流域出现洪水，西南5省区出现严重的旱情，给人们造成巨大的损失。

全流域型洪水

1998年厄尔尼诺现象期间，中国发生了20世纪又一次全流域型的特大洪灾。据初步统计，全国共有29个省区受到洪涝灾害，受灾面积达3.18亿亩，成灾面积接近1.96亿亩，受灾人口达2.23亿人，死亡3004人，倒塌房屋685万间，直接经济损失约达1666亿元。

回澜·拾贝

判定　一般认为，赤道东太平洋海水表层温度连续3个月比平均值高0.5℃以上就可以认为是一次厄尔尼诺现象。

最强厄尔尼诺现象　1982年4月至1983年7月的厄尔尼诺现象是几个世纪以来影响最为严重的一次，造成全世界1300~1500人丧生，经济损失约为百亿美元。

拉尼娜现象

拉尼娜现象是指太平洋中部和东部海面持续异常偏冷的现象，通常出现在厄尔尼诺现象之后，但发生频率比厄尔尼诺现象低。拉尼娜现象期间，全球大部分地区会出现气候异常。

反圣婴现象

拉尼娜现象是厄尔尼诺现象的反相，也称"反圣婴现象"。东南季风将太平洋中部和东部的表层暖水吹向太平洋西部，导致西部表层海水温度升高、东部底层冷水上翻，使太平洋东部海水变冷。太平洋中部和东部表层海水温度比平时的水温平均值低0.5℃以上，且持续时间在6个月以上，就可以认为是拉尼娜现象。

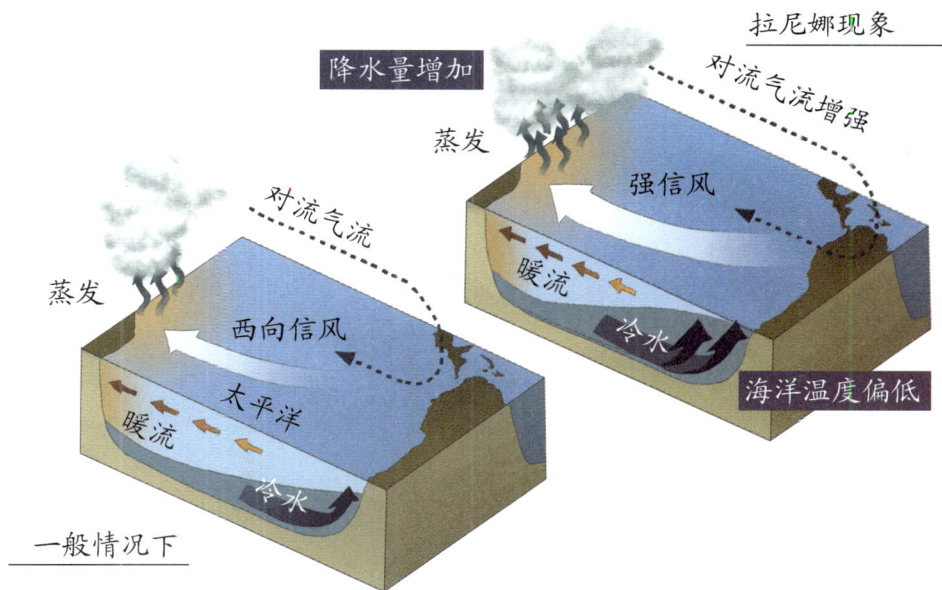

沃克环流的作用

通常，较干燥的空气会在东太平洋较冷的洋面上下沉，沿赤道向西运动，成为赤道信风的一部分。信风到达西太平洋因受到较暖洋面的影响而上升，转向东运行。这样就在太平洋上空形成一个封闭的大气环流，称为"沃克环流"。沃克环流变弱时，不能将太平洋中部和东部的温暖表层海水吹到太平洋西部，使太平洋东部海水温度异常增高，从而形成厄尔尼诺现象；沃克环流变强时，则产生拉尼娜现象。

北方沙尘

1999年，在拉尼娜现象的影响下，中国北方频繁出现强烈的寒潮大风天气，降雨量持续偏低。据统计，1999年春，北方地区3—4月共出现了12次大范围扬沙和沙尘暴天气，影响范围包括西北、华北、东北西部和黄淮地区，5月份西北地区又出现了3次沙尘暴天气。

南方暴雪

2008年，赤道东太平洋地区的海水温度比平时偏低0.5℃以上，出现拉尼娜现象。在这一现象的影响下，东亚地区经向环流异常，为中国北方冷空气的南下创造了有利条件。中国南方遭遇了大范围的雨雪灾害，造成上百人遇难、166万多人受灾，经济损失超过1500亿元。

回澜·拾贝

1998 年拉尼娜现象
通常情况下，拉尼娜、厄尔尼诺现象各持续1年左右，但1998年出现的拉尼娜现象却持续了两年。

信风 信风是低空从热带地区刮向赤道地区的行风。西班牙人利用信风航行到东南亚进行贸易活动，所以信风也被称作"贸易风"。

海岸侵蚀

　　海岸侵蚀是指在海浪、潮汐、洋流等因素的作用下，海岸的泥沙输入量小于输出量，使沿海海底沉积物不断减少，从而造成海岸线后退的现象。海岸侵蚀会形成多种地形，造成岸滩下沉，使河口、低地被淹没，给沿海居民带来巨大损失。为了防止海岸侵蚀，人们通过多种手段护滩保堤。

海岸侵蚀形成的原因

　　海浪是造成海岸侵蚀的主要因素。海面上涌动的波浪会对海岸岸坡进行机械性的撞击和冲刷，使岩石孔隙间的空气被压缩，从而对岩石产生巨大的压力，导致岩石分离；波浪里混杂的碎屑物质对海岸进行研磨，会使岩石不断减少；海水所含的化学物质和岩石共同作用，会使岩石溶解碎裂。在海水的侵蚀下，海岸形成各种各样的地貌，如海蚀洞、海蚀崖、海蚀平台等。

海蚀洞

海蚀洞是海岸在波浪的冲击下所形成的洞穴。海蚀洞一般沿海岸断续分布，在岩石的节理、层理等抗蚀力薄弱部位发育良好，洞顶有悬突的岩体，洞底略低于海面。受海岸带构造活动的影响，海蚀洞有时会出现在海平面以上的不同高度。海岸的岩质对海蚀洞的形成有重要的影响：由松软岩石构成的海岸一般不容易发育出海蚀洞，较硬的岩石海岸则有利于海蚀洞的形成和发育。

海蚀崖

在海水的侵蚀下，海蚀洞不断扩大规模，到一定程度后，顶部悬突的岩体在重力作用下崩坠，从而形成陡峭的岩壁。这种现象主要分布在基岩海岸，尤其是花岗岩和玄武岩的垂直柱状节理发育处。坠落的岩石一部分被海流搬移，一部分被海浪卷带，用来冲刷岩壁。

海蚀平台

　　海蚀平台是海蚀崖靠近海的一侧形成的平坦岩礁面，由海浪冲刷海蚀崖使其不断发育、后退而形成。海蚀平台能够不断发展，直到海蚀崖停止后退为止。由于海平面的变化以及构造运动，海蚀平台可形成不同的高度。一般而言，海蚀平台位于平均海面附近。

海岸侵蚀的危害

　　海岸被海浪侵蚀后，沿岸地带土地流失，会对沿海环境和居民生活造成很多不利影响。由风暴引起的严重海岸侵蚀能够摧毁天然海岸，使海水淹没河口，造成海蚀崖倒塌，从而引起海岸植被的破坏，给沿海居民造成财产损失。海岸侵蚀造成的岸滩下沉可以破坏海岸防护设施及其他海岸建筑。

黄河三角洲岸线侵蚀

随着工业的发展，人们加大了对黄河水资源的开发利用力度，使黄河下游的泥沙逐渐减少。黄河三角洲是一个河控三角洲，其形成和演变受黄河水量、沙量的制约。入海泥沙减少，三角洲海岸就会受到侵蚀。黄河三角洲的强侵蚀海岸主要分布在挑河湾以东沿岸。据统计，1996年以来，黄河三角洲正以每年平均约7.6平方千米的速度在蚀退。

防护措施

为了削弱海浪对海滩的侵蚀作用，人们建设增大海岸底部摩擦的防护工程和消浪工程设施，同时利用人造工程促使泥沙落淤，减缓海岸侵蚀。常见的海岸防护手段包括修建各种堤坝、填沙护滩和利用植物加固海滩。

填沙护滩

　　填沙护滩是直接、有效、经济的应对海岸侵蚀的方式。人们可以从海洋中或陆地上采集合适的泥沙，填充到被海浪侵蚀的岸滩上。但是，填筑的海沙仍然很容易被海浪冲刷，所以需要定期填筑。中国长江河口的一些地区对这种防护海滩的方式进行了尝试，在一定程度上解决了海岸侵蚀的问题。

挑流坝

　　挑流坝也称"丁坝"，是中国应用较多的海岸防护工程。挑流坝不仅可以减弱海浪能量，还可以促进泥沙落淤。在较长的海岸线上，挑流坝一般被大规模建造，以构成挑流坝群。挑流坝群拦截的泥沙沉积在海滩上，使该段海岸不再受海水侵蚀。中国长江口南段分布着数百条挑流坝，对保护海滩意义重大。

海岸堤防

海岸堤防也称"海堤"、"海塘",是为了防止海潮、海浪侵袭海岸而在河口、海岸地区修建的挡水建筑物,通常修筑在平原岸段的高潮线附近。一些海岸堤防不仅可以防止海岸侵蚀后退,还可以防洪挡潮。比如:黄河三角洲胜利油田北侧修建的孤东海堤成功地将海潮抵挡在外,既保护了海岸,又能防止海水进入油田。

回澜·拾贝

崇明东滩海岸侵蚀　上海市崇明东滩南侧岸段平均每年侵蚀 22.1 米,给沿海地区带来较大损失。

海南海岸侵蚀　海南省文昌县由于过度开采珊瑚礁,导致海岸后退约 200 米,大量椰树林受海水冲刷而倾倒。

生物护滩　在海滩或水下栽培、种植某些植物,可以有效减弱海浪对海滩的侵蚀作用。

海洋污染

随着科技的发展，工业活动和海上活动越来越繁荣，却在一定程度上给海洋带来多种的污染，导致海洋生态系统被破坏，影响了海洋生物的生长和繁殖。海洋是地球生命支持系统的重要组成部分，海洋污染同样会影响人类的生活。

污染成因

海洋污染来源多样，可分为陆源污染、船舶污染、海上事故污染、海洋倾废污染、海岸工程建设污染等，具体表现为城市生活污水和工业废水的随意排放、船舶排污、污染物泄漏、废弃物品的弃置等，主要污染物质包括石油、重金属、农药、放射元素、固体废物等。

污染危害

海洋污染造成海水浑浊，影响海洋植物的光合作用，降低海洋的生产力，影响海洋生物的生长。重金属和有毒物质在海域中累积，通过海洋生物的富集作用毒害海洋生态系统。石油污染形成面积广大的油膜，造成海水缺氧，对海洋生物产生危害，并影响人类的生活。好氧有机物造成赤潮生物大量繁殖，引起赤潮，造成海水缺氧，导致其他海洋生物死亡。海洋污染还会破坏海滨环境，影响旅游业。

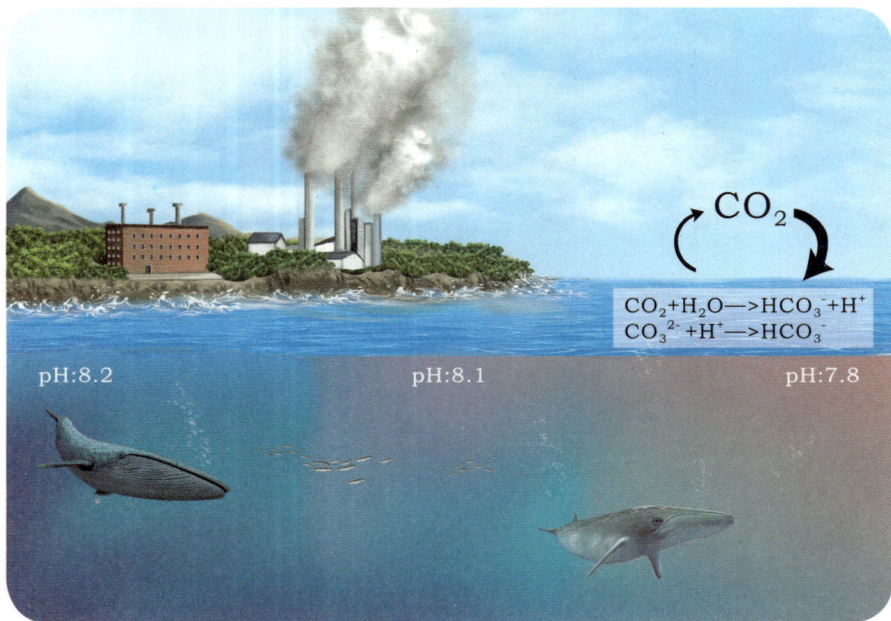

CO_2

$$CO_2+H_2O \longrightarrow HCO_3^-+H^+$$
$$CO_3^{2-}+H^+ \longrightarrow HCO_3^-$$

pH:8.2   pH:8.1   pH:7.8

海水酸化

自然状态下，海洋呈碱性。化石燃料燃烧所释放的二氧化碳有1/3进入海洋，使海水酸化，从而影响某些海洋生物形成碳酸钙的能力，导致这些生物难以继续生长，同时也会影响某些浮游生物的生长。以球石藻为例，海水酸化导致球石藻所依靠的碳酸钙物质减少，使球石藻无法正常生长繁殖。

珊瑚礁褪色

海洋浅水区域的珊瑚色彩斑斓，部分原因在于寄生在珊瑚细胞内部的共生藻类含有多种色素。当外界环境发生变化时，共生藻类会离开珊瑚细胞，使珊瑚分泌的碳酸钙骨架失去颜色。一些科学家认为：海洋酸化可能会促进这样的事件发生，使绚丽多彩的珊瑚礁褪色。

海洋垃圾泛滥

人类在海岸的工业生产和娱乐活动以及在海上的航运、捕鱼等活动制造了大量的海洋垃圾。这些垃圾在洋流等因素的作用下集中在一起，分布在太平洋、大西洋及印度洋中部，严重影响海洋生态系统的运行。

美国加州和夏威夷之间的海域里聚集了大量的塑料垃圾，垃圾覆盖的海域面积超过数百万平方千米。让人震惊的是，这些海上垃圾的面积每年仍会增加8万多平方千米。

废弃的渔网

海洋里的废弃渔网有的长度超过几千米，每年会缠住、淹死数千只海豹，同时会伤害到鲨鱼、海豚和其他大型鱼类与哺乳动物。

营养富集造成海洋死区

污染物随着河流一起排入海洋，使部分海域出现营养富集现象，形成海洋死区。据统计，全球海洋死区超过400个，海洋的缺氧区域面积在夏季有上万平方千米。美国国家科学基金会研究表明，海洋死区的面积每隔10年就增加1倍。从2002年夏天开始，美国太平洋西北岸的水域开始出现大范围的海洋死区，严重影响了美国的渔业发展。

墨西哥湾死区的形成

密西西比河沿岸农田里的肥料经雨水冲刷，进入河流和小溪，注入墨西哥湾。充足的肥料让墨西哥湾的浮游生物大量生长。浮游生物死掉后沉入海底，在分解的过程中消耗海里的氧气，导致依靠氧气存活的海洋生物大量死亡。据统计，这部分海洋死区在夏季会扩大到约2万平方千米。

原油污染

海洋石油污染来源可分为天然来源和人类活动来源：天然来源主要包括海洋微生物对烃的合成（在生物代谢或死亡分解时会释放出来）和海底石油渗漏；人类活动来源以船舶运输、海上油气开采及沿岸工业排污为主。据统计，仅1970—1990年，海洋上的油轮泄漏事故就多达1000起，每年排入海洋的石油有1000万～1500万吨。

墨西哥湾原油泄漏

2010年4月20日，美国南部路易斯安那州沿海一个石油钻井平台起火爆炸，海下油井受损，开始漏油。直到7月15日，漏油处才被修好。油污形成数千平方千米的污染区，造成大量鱼类、虾类缺氧死亡，进而危害到海鸟的生存，破坏了整个生态系统。

法国应对石油泄漏有良方

法国紧邻大西洋和地中海两处石油运输通道，很容易受到海上石油泄漏事件的危害。自1967年"托利卡尼翁"号油轮在布列塔尼海域沉没造成石油污染事故后，法国开始重视治污技术的发展。一家科技公司发明的新型吸油辊可以有效清除油块，而且不破坏海滨的沙子。法国水上污染研究中心的工作人员开发了一种海上漏泄石油回收船。船上的拖网可以拦住并收集石油，收满之后会自动封闭，直接拖回海岸。法国水上污染研究中心还努力研究新型分散剂，以保证既清除污染物，又不破坏生态和海滩景色。

"埃里卡"号重油泄漏事件

1999年12月12日，满载2000吨重油的"埃里卡"号在法国布列斯特港以南70千米处沉没，泄漏的大量重油迅速扩散，污染了附近海域以及沿岸地区。在这次海洋污染中，起码有20万只海鸟被影响，它们以后的生活将十分悲惨。这场事故堪称欧洲历史上最严重的海洋石油污染事件。

日本水俣病事件

20世纪50年代，日本水俣湾沿岸出现一种怪病，症状表现为：轻者口齿不清、步履蹒跚、面部痴呆、手足麻痹、感觉障碍、视觉丧失、手足变形，重者精神失常，直至死亡。这就是震惊世界的"水俣病"，是世界上最早出现的由工业废水排放污染造成的公害病。经调查，其原因是：水俣镇氮肥公司常年将没经过处理的工业废水排入海湾中，导致当地海水被污染。有毒物质在海里积聚，使海中鱼类体内充满毒素。人们经常吃这种被污染的鱼，有毒物质就会在人体内富集，导致疾病。

回澜·拾贝

重金属污染物 包括铬、锰、铁、铜、锌、汞、铅等金属，能够直接危害海洋生物的生存。

海鸟被困 石油污染海洋后，海鸟会司羽毛沾上油污而无法飞翔，以致沉海溺毙。

热污染 工厂排出的热废水使局部海区海水温度升高，造成海洋的热污染，使水中溶解氧减少，破坏海区生态平衡。

海洋生物入侵

　　海洋是非常容易受到外来物种入侵、干扰的区域。外来生物在新环境里如果没有天敌制约，就会迅速生长繁殖，成为海区内的优势种群，影响海区内土著种群的生长，严重破坏海区的生态系统，造成巨大的生态灾难。

外来海洋生物

　　外来海洋生物是指某海域原来没有但通过某种方式从其他海域引入的海洋生物，包括海洋植物、海洋动物以及海洋病毒或细菌。外来海洋生物在新环境下如果受到海域内土著生物的合理制约或人们的科学管理，就不会对当地生态系统造成影响。这种情况下，它们通常不被认为是入侵生物。但是，外来海洋生物如果在新环境下无节制地繁殖，并且破坏海域内的生态系统，就被认为是入侵生物。中国常见的入侵生物有大米草、美国红鱼等。

入侵途径

　　海洋外来生物入侵可以分为自然入侵和人为引进两种途径。自然入侵是指海洋生物通过水体流动发生自然迁移，进入新的海域，并且大量繁殖的现象。人为引进是指由人类活动所造成的海洋生物入侵，既包括无意引进，又包括有意引进。无意引进是指海洋生物随船只、进出口贸易活动被引入；有意引进指各国为了发展渔业而引进优良动植物品种。

入侵危害

　　海洋生物入侵后，会抢占海域内土著生物的活动空间和食物资源，使海域内土著生物数量锐减，进而打破海区的原有生态平衡和生物多样性。外来生物如果与海域内土著生物杂交，则会造成遗传污染。此外，某些外来生物还可能会将外界的病原物质带入新环境，给土著生物甚至人类造成大规模的流行性病害。

疯狂的大米草

20世纪60年代，中国为了保护堤岸从英国南海岸引入大米草。大米草根系发达，耐盐碱，耐潮汐淹没，繁殖能力强，被引入中国后在广阔的海岸带淤泥质潮滩肆意生长，使大片芦苇丛、红树林消失，侵占了滩涂鱼类、虾类、贝类等海洋经济生物的生存空间，导致滩涂上的海带、紫菜逐年减产。原来生活在海滩周围的200多种生物现仅存几十种。此外，大米草还阻塞航道，影响到沿海的运输。

据统计，在浙江宁海，大米草侵占的沿海滩涂达数千公顷，造成的渔业经济损失平均每年都在5000万元以上。到2006年，大米草在福建、辽宁、河北、山东、江苏和广东的分布总面积约达80万公顷，对海水养殖造成的直接经济损失约为37.49亿元。

沙筛贝

　　沙筛贝原产于美洲热带海域，后来随船只进入太平洋和印度洋沿岸，在中国福建、广东、广西、海南、台湾、香港等地也有分布。沙筛贝繁殖力、适应性都非常强，生长迅速，会侵占其他养殖贝类的饵料和生活空间，导致养殖贝类减产。沙筛贝大量繁殖，制造了大量排泄物，增加了有机物污染。其排泄物分解消耗大量氧气，导致水体缺氧，进一步影响到其他水生生物的生存。

美国红鱼

　　美国红鱼原产于北大西洋沿岸及墨西哥湾，食性广，适应性强，繁殖旺盛。中国于1991年将这种鱼引入并在沿海地区推广，但由于管理不善，部分美国红鱼逃逸至野生环境。在没有天敌约束的野外环境中，美国红鱼迅速繁殖，成为水域内的优势种群，侵占了土著鱼类的生存空间，导致土著鱼类种类、产量严重受损。

治理入侵生物

外来海洋生物入侵后，为了防止其造成危害，人们往往通过人工、机械、化学方法加以消灭。比如：福建地区采用割草机控制大米草，有效改变了当地大米草暴增的境况。另外，从环保角度考虑，可以采用有效的生态学治理方式，利用天敌进行生物克制；也可以选用竞争力强的本地物种与入侵物种竞争，以制约其发展。

科学利用

海洋外来入侵生物通常具有一定的经济价值，对其科学利用，既可以减少危害，又可以获取经济利益。在沿海地区成灾的互花米草含有丰富的蛋白质和维生素，经加工可以提取多糖物质，成为保健食品的原料。

回澜·拾贝

压舱水途径 在船舶航行过程中，不同海域的海洋生物经常会进入船舶压舱水内，并且随船只航行到其他海域，造成海洋生物入侵。

球形棕囊藻 1997年，球形棕囊藻首次出现在中国海域，使东南沿海爆发赤潮，赤潮面积超过1000平方千米，仅在广东拓林湾一带就造成超过6000万元的渔业损失。

历史上著名的海难

　　海洋浩瀚壮阔，魅力无限，同时也神秘莫测，让人难以捉摸。历史上曾有很多船只沉没在茫茫大海上，酿成轰动世界的海难。回顾这些海难，吸取教训，可以帮助我们更好地探索海洋。

如花生命的悲鸣

——韩国"岁月"号客轮沉没

　　2014年4月16日，一艘载有476人的韩国客轮在韩国西南海域不幸沉没。尽管韩国以及国际社会全力营救，但仍有295人不幸遇难、9人失踪。这次事故让世人震惊，再次揭示出海难的残酷性。

济州岛之行

　　2014年4月15日20时，"岁月"号客轮载着乘客出发了。这艘客轮计划从仁川出发，于4月16日11时到达目的地济州岛。船上有300名师生来自同一所学校，原本要进行修学旅行。没想到，这次航行旅途成了他们挥之不去的梦魇，大部分学生失去了宝贵的生命，很多家庭因为此次事故变得支离破碎。

事故发生

　　4月16日8时左右，"岁月"号客轮上的乘客感觉到船体似乎与某种东西撞在一起。一声巨响后，客轮开始摇晃起来。很快，客轮向一面倾斜，船体迅速下沉。就在大家感到十分惊慌的时候，客轮广播通知大家情况危险，不要随意走动。不一会儿，船上的集装箱倒向一侧，船体倾覆。

紧急救援

　　收到"岁月"号客轮发出的求救信号后，韩国当局立即出动舰艇、直升机和60多名海警赶往事发地点进行营救。之后，韩国军方不断增派搜救力量，美国的两栖攻击舰也赶赴事发海域参与搜救。可是，当时事发地的搜救条件并不理想，给搜救工作带来很大挑战。不到两个小时，"岁月"号客轮彻底沉没。

人员伤亡

因为事发突然，许多乘客在客轮的餐厅、商店和娱乐场所里就餐、娱乐，没来得及转移就被困住了。客轮沉没后，为了保证空气补给，有关人员紧急向船内注入空气。但是，水下温度较低，空气流通困难，幸存者生还的概率不高。最终，这次事故共造成295人死亡、172人受伤，另有9人下落不明。事故发生后，韩国人民陷入深深的悲痛之中。

事故原因

对于此次事故的原因，韩国国内有很多说法，客轮超载和操作失误被认为是造成这次海难的主要因素。据调查，"岁月"号客轮当天的载货量约为3608吨，而根据记录来看，以往载货量最多为3000吨。也就是说，当天客轮明显超重，所以才会导致船体严重倾斜。再者，事故发生时，客轮上的救生艇只打开两艘，大量逃生设备没有发挥出作用。此外，有关部门调查显示，"岁月"号客轮在航行时突然转变航向，导致货物出现偏移，也是造成船体倾斜的重要原因。

事故启示

　　对于这次海难，韩国各方救援都表现得很积极。但是，在救援过程中，一系列的问题也暴露出来，引起韩国民众的强烈不满。一方面，有人认为，韩国政府在实施救援时部分工作没有做到位，因而造成如此大的伤亡。这是此次事件引发民众愤怒的主要原因。另外一方面，某些韩国媒体在对事故进行报道时缺乏事实根据，致使多家媒体转载错误消息，给事件进展带来不利影响。这也令韩国民众非常不满。

回澜·拾贝

　　解散海警　　2014 年 5 月 19 日，韩国总统朴槿惠通过电视讲话，就"岁月"号沉船事故向国民道歉。她在电话中表示，为了给公众一个交代，政府将解散饱受指责的韩国海警部门。

　　船长获刑　　2014 年 11 月 11 日，"岁月"号失事客轮船长李准石接受法律审判，最终被判有期徒刑 36 年。

21 世纪特大海难

——塞内加尔"乔拉"号客轮海难

2002 年 9 月 26 日深夜，严重超载的塞内加尔籍"乔拉"号客轮从塞内加尔西南部城市济金绍尔起航，意图返回首都达喀尔。当行驶到冈比亚近海海域时，这艘客轮突然遭遇暴风雨袭击而沉没，船上 1863 名乘客只有 64 人生还，其余人全部遇难。

小型客轮"乔拉"号

"乔拉"号客轮长 79 米，设计载客人数为 600 人。与客轮家族其他成员相比，无论是在体形上还是在载客量上，它都不出众。"乔拉"号定期往来于塞加内尔南部重镇卡萨芒斯和首都达喀尔之间，一周往返两次。这艘小客轮是这条航线上唯一的航船，所以不难想象它有多么受欢迎。正因如此，它才严重超载，最终酿成悲剧。

艰难返航

　　2002年9月26日深夜，"乔拉"号驶入冈比亚海域。此时的冈比亚海域天气情况十分恶劣，狂风大作，电闪雷鸣，暴雨如注。原本平静的旅程变得危险重重。"乔拉"号行使在惊涛骇浪之上，左右飘摇。船上的乘客似乎还没有意识到危险，有些人甚至在观看影片。突然，一阵狂风巨浪让"乔拉"号变得倾斜，所有乘客被甩到一侧。

沉没的"乔拉"号

　　正在驾船的船长感觉情况不妙，担心发生更糟糕的事情，就以最快的速度发出了求救信号。当人们还在惊慌失措的时候，更加猛烈的飓风突然袭来。几乎在顷刻间，"乔拉"号就被反扣过来，并在短短几分钟之内沉入汹涌的海浪之中。有的乘客被甩入冰冷的海水中，有的则被困在船舱里绝望地挣扎。

艰难救援

接到求救信号后，停泊在冈比亚海域附近的搜救船只以最快的速度赶到事发地点。但是，等它们到达指定地点时，"乔拉"号已经彻底翻沉。当时天气情况非常差，海面上漆黑一片，救援工作特别困难。随后，塞内加尔的其他救援力量也纷纷赶至事发海域。恶劣的天气严重阻碍了救援进程，人们只能无奈地叹息。

伤亡人数

24小时后，只有60多名生还者被救援人员带回港口，其余人全部命丧大海。第二天，天气稳定以后，潜水员到"乔拉"号沉没海域查看情况。最终，他们只将卡在船门和窗户上的尸体打捞上来。最初，官方公布的遇难人数是970人。有关部门经过调查发现，除了有票的乘客，"乔拉"号上还有许多无票或者免票的乘客。最终，经过反复核对，官方认定，此次海难的遇难者多达1863人。

事故原因

事后，塞内加尔政府就此次事故展开了调查。客轮资料显示，"乔拉"号刚刚完成大修，还存在很多隐患，加上严重超载，致使客轮严重失衡并且翻沉。调查结果还表明：岸上航船监控中心存在严重失职的行为。依照相关规定，航船监控中心应每两小时与海上客轮联系一次。事实上，航船监控中心并没有尽到自己的职责。这些因素综合在一起，最终酿成此次沉船事件。

回澜·拾贝

天气预报　夏、秋两季，大西洋部分海域常有飓风。"乔拉"号遇难时，气象部门没有及时送达预报信息。这也是导致沉船事故的一个重要原因。

追究责任　事故调查结束后，塞内加尔政府很快对相关责任人进行了处罚。塞内加尔军队总参谋长等因组织营救不力被开除军籍，海运局局长也因违法签发"乔拉"号客轮许可证被审查。

历史悲剧的重演

——埃及客轮"萨拉姆98"号倾覆

　　海洋变幻莫测，狂风巨浪有时会让海上航船躲闪不及。2006年2月2日，载有1400多人的埃及"萨拉姆98"号客轮在红海沉没，造成1000多人遇难或失踪。这次事故被认为是"泰坦尼克"号悲剧的重演。

"萨拉姆98"号

　　"萨拉姆98"号客轮长130米，宽24米，排水量为6650吨，核定载客量为1400人，曾进行过重修。"萨拉姆98"号长期担任横渡红海的运输任务。1999年，它曾与另一艘船舶相撞，所幸没有大碍，之后继续在红海负责旅客运输。资料显示，"萨拉姆98"号客轮可以将航运业务持续到2010年。

客轮遇险

2006年2月2日19时30分，载着1400多名乘客的"萨拉姆98"号从沙特阿拉伯西部港口杜巴港出发，航向目的地埃及塞法杰港，计划于3日2时30分左右到达。让人没有想到的是，客轮刚刚出发不久，船上运载的一辆汽车突然起火，并引燃底层甲板。船员们控制住火势，坚持继续航行。

大火再燃

不一会儿，大火再次燃起，船员们赶紧拉起消防水管救火。船上的积水越来越多，船体慢慢地失去平衡。更让人担心的事情发生了，船体损坏，海水迅速涌进来，客轮倾斜得越发厉害。最终，在一片惊恐声中，客轮彻底沉没。在这危急时刻，船长第一个弃船逃跑。乘客们有的被困在船里，有的落入冰冷的海水中。

紧急救援

"萨拉姆98"客轮沉没后，埃及政府立即展开全面救援。2月3日，埃及政府出动多条救援船和多架直升机赶赴沉船海域。

埃及政府独自救援十分吃力，不得不向英国、美国提出援助请求。经过协商，美国海军的"P3—猎户星座"海上巡逻机赶赴事发地协助救援，而英国海军因为距离过远没有参与此次行动。

鉴于种种原因，搜救结果并不理想，只有400多人幸运得救，其余1000多人不幸遇难或下落不明。随后，幸存者们被转移到埃及的胡尔加达市。

事故原因

对于"萨拉姆98"号客轮事件，国际救援专家表示，造成此次重大人员伤亡事故的原因是多方面的。

红海受副热带高压带和离岸信风带交替控制，恶劣天气时有出现。事故发生时，红海正刮着大风，卷起巨大的海浪，使原本就失去平衡的客轮变得更加不稳。从另一方面讲，乘客即使有幸脱离客轮，也未必能顺利逃生，因为有些人并不会游泳，加上当时海水温度很低，许多人还没等到救援船只赶来就已经冻僵。何况，红海还有凶猛的鲨鱼。所以，船上的乘客能活下来的概率微乎其微。

事后，根据事故幸存者回忆，"萨拉姆98"号上的救生艇数量明显不够，许多乘客根本没有逃生工具。那些费力挤上救生艇的人，有些也没有逃过落水的命运，因为超载的救生艇在大风大浪的影响下也很快翻沉。2月3日，埃及政府表示，"萨拉姆98"号曾进行过改造，载客量提高了近3倍，的确存在安全问题。

回澜·拾贝

影响 "萨拉姆98"号客轮海难发生后，沉船事故受害者家属十分悲痛、愤怒，在塞法杰港发生骚乱，袭击了"萨拉姆98"号客轮所属的海运公司办公室。

中国救援 "萨拉姆98"号海难发生后，中国交通部下发通知，要求在红海海域航行的中国船舶如果发现落水人员要积极施救，充分发扬国际人道主义精神。

巨浪中消逝的生命
——菲渡轮"群星公主"号失事

　　菲律宾是一个群岛国家，共有大大小小的岛屿7000多个。平时，菲律宾人民主要靠小型渡轮往来于各个岛屿之间，海难事故时有发生。2008年6月21日，载有800多人的菲律宾渡轮"群星公主"号在菲律宾中部海域遭遇台风袭击而沉没，人员伤亡惨重。

"群星公主"号

　　"群星公主"号渡轮于1984年建造而成，重23824吨，额定载客量为2000人。2008年6月21日，这艘渡轮从马尼拉港起航，打算运载乘客前往宿雾市。可是，原本平静的旅程却因为一场暴风雨而改变，大部分乘客和船员为此付出了宝贵的生命。

暴风雨来临

　　当"群星公主"号渡轮航行到菲律宾中部的朗布隆省附近海域时，台风"风神"突然到来，海面的波浪犹如一座座"水山"猛烈地击打着船身，好像要将其撕裂。狂风暴雨瞬时让"群星公主"号陷入险境。

强大的摧毁力

　　"群星公主"号渡轮经不住风暴的猛烈袭击，有些货物落入巨浪翻滚的大海，有些货物则倒向一边。渐渐地，渡轮开始失衡。21日中午，船长下令要乘客们弃船逃生。可是，当时天气恶劣，逃生非常困难。救生艇刚刚被放到海中，就被滔天巨浪卷走。有些人被大风直接吹入冰冷的海水中，像随水漂荡的浮萍。

伤亡惨重

渡轮在海面上不停地摇晃，有些老人和孩子已经严重晕船，因此船长下令弃船逃生时他们根本没有做好逃生的准备。再加上当时船上秩序非常混乱，老人、孩子以及体弱的妇女多被挤在角落里。"群星公主"号彻底翻沉后，大多数人被困在船内，没有逃出来。

救援受阻

事发后，接到求救信号的菲律宾海岸警卫队火速派营救船只赶往相关海域。但是，令人遗憾的是，当时天气情况异常恶劣，营救船只不得不放弃营救计划。求救信号发出10小时后，台风终于平息。当营救船只赶到事发海域时，"群星公主"号已翻沉许久。最终，因翻沉时间过长、救援不及时等各方面因素，此次沉船事件共造成800余人遇难，仅有50多人生还。

事故原因

　　事故发生后，菲律宾政府要求有关部门就"群星公主"号渡轮沉没事件展开全面调查。不久，"群星公主"号所属的苏尔皮西欧航运公司被要求停运。有关部门表示，这家公司有误用海事安全管理条例的嫌疑，否则"群星公主"号不会在明知可能遭遇台风袭击的情况下坚持出海。

悲哀的历史

　　苏尔皮西欧航运公司的航运历史并不辉煌，该公司曾有4艘客轮遭遇灭顶之灾。这次事故更加深了人们对它的质疑。

　　苏尔皮西欧航运公司被停运后，转而将矛头指向菲律宾气象局。该公司有关人员表示，他们在6月21日才收到气象部门发来的台风"风神"有可能袭击事发海域的信息，而此时"群星公主"号早已驶入该海域。该公司认为，气象部门预报消息滞后才是导致船舶失事的主要原因。

回澜·拾贝

　　引擎故障　菲律宾有关人士认为，引擎故障也是"群星公主"号失事的主要原因，但这种言论至今仍然没有得到证实。

　　赔偿　苏尔皮西欧航运公司在这次事故中有着不可推卸的责任。该公司承诺给予每位遇难者家属4500美元的经济补偿。

　　责任追究　菲律宾海岸警卫队和海事主管局涉嫌允许"群星公主"号在台风中离港，交通部门不久就将相关责任人辞退。

雄伟邮轮的沉没

——意大利"歌诗达协和"号触礁

　　除了海上风暴，船舶还有可能被藏在海底的礁石困扰。礁石多分布在浅海区，船舶航行时稍不注意，就会引发触礁事故，非常危险。2012 年 1 月 13 日，意大利"歌诗达协和"号邮轮就在意大利海岸触礁，致使船舶部分沉没，造成 32 人死亡。

"歌诗达协和"号

　　"歌诗达协和"号是意大利有名的豪华邮轮，于2006年开始运营。"歌诗达协和"号长290米，宽35.5米，额定载客量为3780人。这艘邮轮设施完善，有健身房、游泳池、酒吧，还有1500多间舒适的客房。因为体形巨大、设施完善，这艘豪华邮轮被评为"歌诗达航运队伍中的旗舰"。

不幸触礁

2012年1月13日晚，"歌诗达协和"号邮轮从意大利罗马附近的奇维塔韦基亚港出发，开始了为期7天的地中海之旅。当天20时左右，当乘客们正沉浸在兴奋的情绪中时，意外发生了——船舶在意大利吉利奥岛附近海域不幸触礁搁浅。"歌诗达协和"号船身被划出一条70多米长的裂痕，海水迅速涌了进去。渐渐地，邮轮开始倾斜，船上一片混乱。

慌乱逃生

邮轮触礁时，大部分乘客正在吃晚餐，得知具体情况后变得异常慌乱。船长原本想尽力将邮轮驾驶到浅水区，保证乘客们顺利逃生。但是，"歌诗达协和"号的受损情况有些严重，船长不得不下令所有乘客和船员弃船逃生。令人气愤的是，下达弃船逃生的命令后不久，船长就带着大副逃之夭夭了。

随着"歌诗达协和"号船体不断倾斜，邮轮上的人不顾一切地抢先登艇，有些人甚至被挤下舷梯。还有的乘客担心登艇时间不够，竟然匆匆跳下邮轮，导致受伤。

紧急救援

在得知"歌诗达协和"号邮轮触礁的紧急情况后,意大利有关部门立即出动直升机和船只展开救援。一些过往船只也参与了救援行动。因为事发海域距离海岸很近且天气状况良好,所以救援工作开展得十分顺利。在大家的共同努力下,邮轮上大部分人成功获救。不过,仍有32人不幸遇难。

暴露出的问题

事后,顺利逃生的乘客表示,船舶触礁时,船长和船员们的表现很差:船长不仅耽误了大家的逃生时间,还不顾乘客的安危私自逃走,这种行为让大家非常气愤;船员们缺乏基本的应变能力,不知道怎样稳定大家的情绪,也不知道怎么帮助乘客有序逃生,更不知道如何正确使用救生艇,致使逃生过程显得异常混乱。

后续发展

2012年1月15日，"歌诗达协和"号船长和大副以疏忽、在乘客完全疏散前就弃船等罪名被逮捕。2013年，船长被判16年监禁。同一年，意大利专家们制定了"歌诗达协和"号打捞计划，希望将它拖至安全地带。2015年5月，在两艘拖船的拖拽下，"歌诗达协和"号被搁置在热那亚的一个码头。

回澜·拾贝

高昂的花费 "歌诗达协和"号事件堪称"史上最昂贵的海事案件"，国际保赔集团在这起事故上的花费高达19亿美元。这些花费包括残骸打捞、人员伤亡理赔、垃圾处理等方面的费用。

救生艇演习 "歌诗达协和"号事故发生以后，救生艇演习问题得到业内人士的普遍重视。

图书在版编目（CIP）数据

海洋灾害 / 盖广生总主编 .— 青岛 : 青岛出版社 , 2016.10
（认识海洋丛书）
ISBN 978-7-5552-4682-4

Ⅰ.①海…　Ⅱ.①盖…　Ⅲ.①海洋 – 自然灾害 – 普及读物　Ⅳ.① P73-49

中国版本图书馆 CIP 数据核字 (2016) 第 230703 号

海洋灾害

书　　　名	海洋灾害
总 主 编	盖广生
出版发行	青岛出版社（青岛市海尔路 182 号，266061）
本社网址	http://www.qdpub.com
邮购电话	0532-68068026
策　　划	张化新
责任编辑	朱凤霞
美术编辑	张　晓
装帧设计	央美阳光
制　　版	青岛艺鑫制版印刷有限公司
印　　刷	青岛嘉宝印刷包装有限公司
出版日期	2019 年 4 月第 2 版　2020 年 9 月第 4 次印刷
开　　本	20 开（889 mm × 1194 mm）
印　　张	8
字　　数	160 千
图　　数	180 幅
印　　数	23001-27000
书　　号	ISBN 978-7-5552-4682-4
定　　价	36.00 元

编校印装质量、盗版监督服务电话：4006532017
本书建议陈列类别：科普／青少年读物